0~3岁

宝宝辅食一本通

孙晶丹　主编

陕西新华出版传媒集团
陕西旅游出版社

图书在版编目（CIP）数据

0～3岁宝宝辅食一本通 / 孙晶丹主编. — 西安 : 陕西旅游出版社, 2019.1
ISBN 978-7-5418-3647-3

Ⅰ. ①0… Ⅱ. ①孙… Ⅲ. ①婴幼儿－食谱 Ⅳ. ①TS972.162

中国版本图书馆CIP数据核字(2018)第113339号

0～3岁宝宝辅食一本通　　孙晶丹 主编

责任编辑：贺　姗
摄影摄像：深圳市金版文化发展股份有限公司
图文制作：深圳市金版文化发展股份有限公司
出版发行：陕西新华出版传媒集团　陕西旅游出版社
（西安市曲江新区登高路1388号　邮编：710061）
电　　话：029-85252285
经　　销：全国新华书店
印　　刷：深圳市雅佳图印刷有限公司
开　　本：720mm×1020mm　1/16
印　　张：15
字　　数：200千字
版　　次：2019年1月　第1版
印　　次：2019年1月　第1次印刷
书　　号：ISBN 978-7-5418-3647-3
定　　价：39.80元

前言

从刚开始感受到腹中小生命的鲜活，到听见宝宝响亮的哭声，再到宝宝张开小嘴开始喝奶……这一路走来的不易与辛苦，相信每个妈妈都深有体会。可是，再多的艰辛也无法抵挡看着宝宝一天天长大的幸福感。每一天，妈妈都想要给宝宝更多的关爱和更好的喂养。

母乳是婴儿理想的食品，可当宝宝长到五六个月大的时候，母乳已逐渐无法满足宝宝的成长发育需求，必须加入更丰富、营养价值更高、更多元的食物，才能满足婴儿的生长需要。而辅食，作为宝宝将要初尝的人生新滋味，意义之大自然无须多言。妈妈们在激动之余自然免不了有些忐忑：辅食何时添加，辅食吃什么、吃多少，怎样添加才更合理，宝宝不爱吃辅食怎么办……这些关于辅食的种种疑问，对于没有经验的新手妈妈来说，可谓是个不小的难题。翻开本书，让我们一起在辅食的知识海洋里遨游吧。

相较于市面上销售的种类繁多的辅食产品，亲手为孩子制作的美味辅食，必定是每个妈妈最乐于选择的。本书针对6个月到3岁不同年龄段宝宝的营养需求和身体发育特点，精选出上百道深受宝宝喜爱的营养辅食食谱，并在宝宝成长的不同阶段为妈妈提供实用的每日食谱推荐方案，让妈妈的爱更科学，也更合理。

目录
CONTENTS

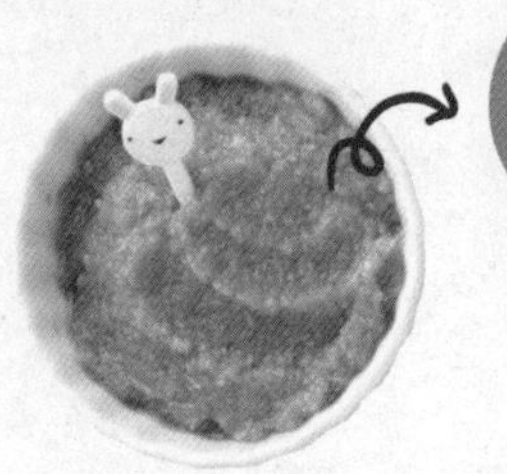

Chapter 1 宝宝，我们一起来研究一下你的辅食吧

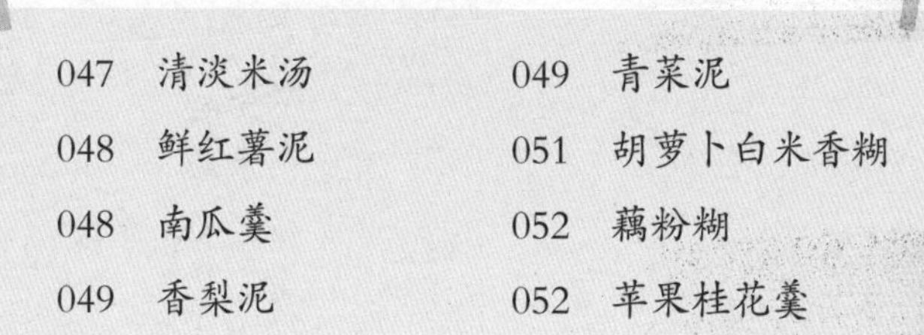

Chapter 2

7～9个月，让“奶娃娃”慢慢长大

Chapter 3 10 ~ 12 个月，自己吃饭香喷喷

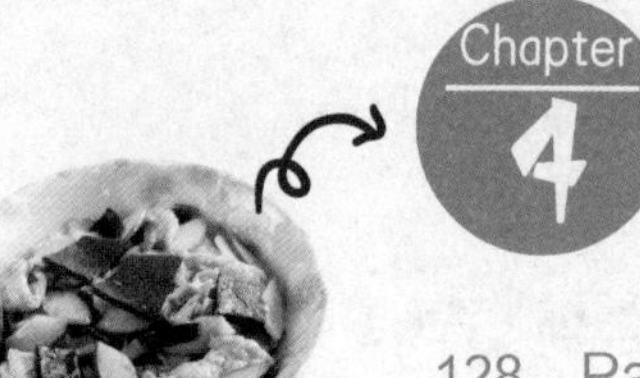

Chapter 4 1～2岁，保证每一口都是营养

Chapter 5 2 ~ 3 岁，可以和爸爸妈妈一起吃饭了

Chapter 6 这样吃，宝宝成长得更好

Chapter 1

宝宝，我们一起来研究一下你的辅食吧

辅食，宝贝健康成长不能缺少的口粮

正确认识辅食，不做糊涂家长

一般来说，宝宝6个月以后，吃的食物除母乳、配方奶以外，还有专门为宝宝制作的食物，这就是我们平时说的“辅食”。辅食可以分为两大类，一类是市场上出售的现成的食物，包括婴儿米粉等；另一类是经过加工制作而成的婴儿辅食，比如用榨汁机压榨，或切碎煮软，或用汤勺挤压等家庭简单制作的食物。鸡蛋、豆腐、薯类、鱼肉、猪肉、水果、青菜等都是上好的辅食选料，一般是从半流体糊状辅助食物，逐渐过渡到较硬的各种食物。

为什么要添加辅食

辅食是宝宝从“吃奶”到“吃饭”的过渡性食物，也是宝宝认识和习惯日常食物的关键一步。辅食的添加既要保证宝宝容易消化吸收，又要能促进宝宝的正常生长发育，还要让宝宝在添加辅食的过程中养成良好的饮食习惯，为日后断奶做准备。具体来说，主要有以下几个方面的意义。

·弥补奶水不足的问题

1周岁以下的宝宝生长速度是惊人的，正处于生长发育高峰期，体重和身高飞速增长，对营养的需求当然会更多，营养需求与奶水供应之间难免会产生“供求矛盾”，而正确添加辅食可以弥补奶水供应不足的问题。

·促进宝宝味觉系统发育

如同语言系统一样，宝宝的味觉系统也需要外界刺激，让宝宝尝试不同味道、不同形状、不同成分的食物，可以促进宝宝味觉系统发育，并让宝宝在断奶后适应更多食物，进而保证宝宝的营养均衡。

·训练宝宝口腔运作能力

宝宝吃辅食的时候，不再以吮吸奶水的方式让他进食，这样能促进宝宝嘴部肌肉发育，提高宝宝口腔运作能力，这对宝宝将来语言能力的发展是非常重要的。

·为断奶做准备

虽然此时有的宝宝还没有牙齿，还不具备咀嚼食物的能力，但是通过喂食一些流状、软质的食物，适当增加进食难度，让宝宝意识到不是所有的食物都跟奶水一样是不需要咀嚼的，从而为以后断奶做好准备。

添加辅食，从6个月开始

世界卫生组织建议：婴儿应该从6个月开始添加除母乳以外的其他食物。早产儿辅食添加时间应该为矫正月，也就是从预产期开始计算，以后的6个月才适合添加辅食。国际上一般认为，辅食添加的时间最迟不能超过8个月。

宝宝在6个月左右的时候，会开始长牙，挺舌反应也慢慢消失，关键是肠道里面的消化酶也开始发挥作用，摄入的食物会得到较好的消化，这就大大降低了有害过敏源进入宝宝身体导致食物过敏的风险。

妈妈接收到宝宝发出要吃辅食的信号没有

当宝宝有下面这些表现时，妈妈要注意了，这可能是宝宝发出的“我想吃辅食啦”的信号，妈妈要记得接收哦。

妈妈吃东西的时候，宝宝在注意看，像一只小馋猫。

宝宝能够坐立，小脑袋可以自由转动。

宝宝具备舌头移动和吞咽技能。

每次喂奶都感觉宝宝没吃饱。

宝宝体重增加缓慢。

宝宝能用手抓东西，并喜欢往嘴巴里放。

不要过早给宝宝添加辅食，要视宝宝情况而定，否则会适得其反。一般母乳喂养的宝宝发育比较好，不到6个月就可以适当添加一些辅食了。要注意，不是所有的宝宝很有兴趣地看着你吃东西，就说明他对食物感兴趣，也有可能是对你的餐具感兴趣哦。这个时候试着给宝宝一个勺子玩，如果他对勺子很满意，证明宝宝感兴趣的是勺子，而不是食物。

辅食添加有顺序，妈妈收好这张表

辅食添加的顺序很重要。从种类上来讲，一般应该按照“谷物（淀粉）——蔬菜——水果——动物性食物”的顺序进行添加。首先添加谷物类食物，如米粉等；其次添加蔬菜汁或蔬菜泥；然后是水果汁或水果泥等；最后再开始添加动物性食物，如蛋羹、鱼泥、肉泥、肉末等。

从质地上来讲，应按“液体（如菜汁、果汁等）——泥糊（如烂粥、菜泥、肉泥、鱼泥、蛋黄泥等）——固体（如烂面条、软饭、小馒头片等）”的顺序进行添加。

从时间上来讲，宝宝5个月时，可开始添加流食，如米糊等；宝宝6个月左右，可适量添加半固体的食物，如稀粥、菜泥、水果泥、鱼泥等，特别是绿叶蔬菜中含有丰富的维生素C和铁质，做成菜泥给宝宝喂食是非常好的；7～9个月的宝宝可逐渐由半固体的食物过渡到可咀嚼的软固体食物，如烂面条、碎菜粥等，以锻炼宝宝的咀嚼能力，帮助牙齿生长；10～12个月的宝宝，可用肉末、菜末做成的粥或面片等代替1～2次奶，为今后断奶做准备；1岁之后除了添加前面所提的食物外，妈妈还可以给宝宝添加面条、馒头、面包、水果等，让宝宝逐渐适应进食以固体食物为主的辅食，帮助宝宝向成人的饮食方式过渡。

这里需要特别提醒各位妈妈注意的是，很多妈妈往往会习惯把鸡蛋作为辅食添加的首选食物，这其实非常不妥。虽然其营养丰富，但过早地给宝宝添加蛋黄，宝宝难以消化，且容易过敏。一般情况下，妈妈应将添加蛋黄的时间推迟到宝宝8个月后。妈妈在制作不同时期的宝宝餐时，还可参考下表中推荐的辅食品种及应供给的营养素，根据宝宝的具体情况，随时进行调整。

宝宝生长周期与辅食添加阶梯表				
月龄	4~6个月 吞咽期	7~8个月 咀嚼期	9~12个月 咬嚼期	1~3岁 大口咬嚼期
各阶段宝宝的表现	宝宝喝奶量增大，将食物自动吐出的条件反射消失，开始有意识地张开小嘴接受食物	宝宝进入长牙期，唾液分泌量增加，爱流口水，喜欢咬较硬的东西	宝宝对母乳的兴趣逐渐减少，喝奶时常常显得无精打采，喜欢咬嚼东西	宝宝进入出牙期，咀嚼能力有明显提高，此时能进食大多数食物了，爱用手抓食物
添加的辅食品种	鱼肝油；清米汤、米粉糊、麦粉糊；无刺鱼泥、肝泥、嫩豆腐花；叶菜汁、水果汁、叶菜泥、水果泥	鱼肝油；稀饭、烂饭、烂面条、面包；无刺鱼、鸡蛋羹、肝泥、碎肉末、大豆制品；蔬菜泥、果泥	鱼肝油；稀饭、烂饭、饼干、面条、面包、烤馒头片；鱼肉泥、猪肉泥、鸡蛋羹、豆腐；果汁、碎菜末	鱼肝油；稀饭、软饭、饼干、面条、面包、馒头；鱼肉、瘦肉、鸡蛋、肝泥、豆制品；蔬菜、水果
每天辅食添加参考次数	每天1次，上午喂食最佳	每天2次，上午、下午各1次	逐渐培养宝宝一日三餐的良好进食习惯	每天3次

Part 2

妈妈懂得多，宝宝吃得好

妈妈要掌握添加辅食的原则

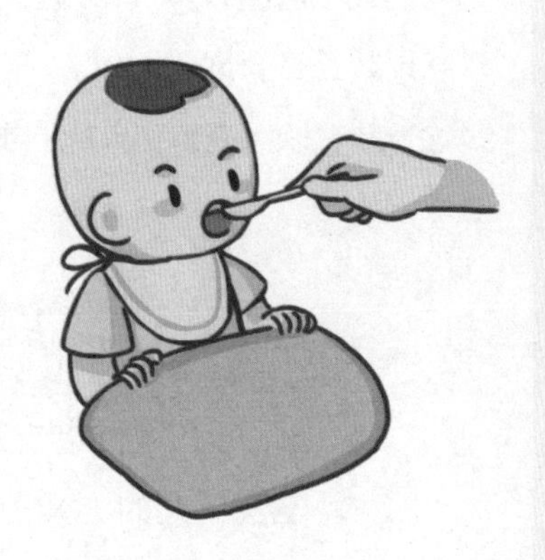

妈妈给宝宝添加辅食的时候，心情一定是既紧张又激动的吧。其实，妈妈们完全不必过于担心，宝宝的成长需要摄入全面均衡的营养，而不仅仅只是限于某些特定成分的多少。如果过早或过多地给宝宝增加不必要的营养，会给宝宝幼小的身体增加不必要的负担。

1 从婴儿营养米粉开始

婴儿米粉营养丰富，能够为宝宝提供生长必需的多种营养素，相较于蛋黄、蔬菜泥等这类营养相对单一的食物更有利于宝宝的成长，且发生过敏的概率也很低，是妈妈为宝宝初次添加辅食的首选食物。妈妈在给宝宝添加米粉时，最初宜先添加单一种类、第一阶段的婴儿营养米粉，这样能较好地确定宝宝是否适合食用此种米粉，如果宝宝无法接受或消化不良，就要及时进行更换。

2 从一种到多种

妈妈在给宝宝添加辅食的初期，要按照宝宝的营养需求和消化能力逐渐增加食物的种类。当添加宝宝从未吃过的新食物时，需先尝试一种，等宝宝习惯一种后再添加另外一种，且中间还应有3～5天的间隔时间。如果一次添加太多种类，很容易引起不良反应。

从细到粗

宝宝吃的食物颗粒宜细小，口感要嫩滑。因此，辅食添加初期给宝宝喂食菜泥、果泥、蛋黄泥、鸡肉泥、猪肝泥等这类泥状食物是最合适的。这样不仅锻炼了宝宝的吞咽能力，也为以后逐步过渡到固体食物打下了基础，让宝宝能够熟悉各种食物的天然味道，养成不偏食、不挑食的好习惯。到了宝宝快要长牙或正在长牙的时候，妈妈便可以把食物的颗粒逐渐做得粗大一些，以促进宝宝牙齿的生长，并锻炼宝宝的咀嚼能力。

3

从稀到干

4

为了迎合宝宝的咀嚼能力，辅食添加初期应给宝宝喂食一些容易消化的、水分较多的流质食物及半流质食物，使宝宝容易咀嚼、吞咽和消化。待宝宝适应后，再从半流质食物过渡到各种泥状食物，最后再添加软饭、小块的菜、水果及肉等半固体或固体食物。如果一开始就添加半固体或固体食物，宝宝难以消化，既吸收不好，也容易导致腹泻。

从少到多

每次给宝宝添加新的辅食时，宝宝一开始可能会不太适应，因此一天最好只喂一次，而且量不要大。刚开始可先喂一两勺，观察宝宝是否出现不舒服的表现，然后再慢慢增加到三四勺、小半碗，甚至更多。例如添加蛋黄时，可先给宝宝喂1/4个，三四天后如果宝宝没有什么不良反应，且在两餐之间无饥饿感、排便正常、睡眠安稳，再增加到半个蛋黄，以后逐渐增至整个蛋黄。

5

6

应该少盐、无糖

糖虽然能够为宝宝提供热量，但摄入过多却会加重肝脏负担，易造成肥胖，对宝宝健康不利。妈妈在制作食物时最好不要加糖，这样不仅保留了食物原有的口味，让宝宝尝试到各种食物的天然味道，而且还能从小培养宝宝少吃甜食的良好饮食习惯。1岁内的宝宝肾脏功能发育还不完善，如果摄入盐过多会增加宝宝肾脏的负担，对宝宝的肾脏发育不利。1岁内的宝宝每日所需食盐量不到1克，而奶类和辅食本身所含的钠已经足够满足宝宝所需要的量，故添加辅食时不需要再加盐。

7

根据宝宝的身体状况和消化功能情况添加

给宝宝添加辅食的目的是补充母乳的营养不足，以满足宝宝迅速生长发育的营养需求。但是，婴幼儿时期的宝宝身体的各个器官还未发育成熟，消化功能也较弱，如果辅食添加不当，宝宝就会出现消化不良甚至过敏的反应。因此，妈妈在给宝宝添加辅食时，要根据宝宝的需要和消化道的成熟程度，按照一定顺序进行。添加新的辅食时，一定要在宝宝身体健康、消化功能正常的情况下添加。如果宝宝生病或是对某种食物不消化，最好延缓添加的时间或选择更换食物。

宝宝6个月之前，母乳中的脂肪含量较高，营养成分多，能够完全满足宝宝的生长需要；宝宝6个月以后，母乳中的脂肪含量会自动降低，宝宝会比较容易饿。

0～1岁宝宝所需主要营养成分			
营养成分	说明	来源	备注
铁	铁是血红蛋白和肌红蛋白的重要成分，各组织的氧气运输也离不开铁	动物肝脏、瘦肉含铁元素比较多	注意合理搭配，不要过量补铁
钙和磷	能促进骨骼、牙齿的生长和发育	大豆、牛奶、虾皮等含磷、钙比较多	鸡蛋蛋白不适合1周岁以下儿童食用
碳水化合物	碳水化合物（糖和淀粉）是主要的供能"马达"，也是宝宝主要的热量来源	五谷杂粮做成的粥、豆类以及新鲜的水果都是不错的选择	蔗糖（红糖、白糖）、葡萄糖要少吃
脂肪	是神经组织如髓鞘等发育的必需物质，也是保证宝宝体重合理的重要杠杆	肉类、植物油等脂肪含量比较多	脂肪要选好，宝宝年龄及身体素质不同，对脂肪的吸收能力也不同
维生素	维生素是一种有机化合物的总称，主要作用是促进人体新陈代谢，提高免疫力	蔬菜、水果等维生素含量比较多	维生素过量会导致中毒

续表

0～1岁宝宝所需主要营养成分			
蛋白质	婴儿体内缺乏蛋白质，会影响生长发育（特别是大脑的发育），导致体重及身高增加缓慢贫血及抵抗力下降	牛奶、海产品、豆类、粗粮（小麦、燕麦、大米、小米、玉米等）含蛋白质比较多	蛋白质易得，合理添加辅食，无须担心宝宝蛋白质摄入不足
水	体内新陈代谢和体温调节都必须有水的参加才能完成	母乳、白开水比较适合宝宝	多喝水有利于新陈代谢

主食（母乳、配方奶）和辅食如何配合好

1岁半之前，辅食只能是“添砖加瓦”的角色

世界卫生组织和联合国儿童基金会建议：母乳喂养最好满两年。可见，自然断奶最理想的时间是在宝宝2～3岁的时候。实际情况是很多妈妈通常在1岁多的时候就给宝宝断奶了，这里提醒各位妈妈，宝宝只有在1岁半之前都以奶为主食，才能保证宝宝摄入相对高密度的能量，若低密度食物比例增加，宝宝摄入的总能量会大大减少，这将不利于宝宝正常成长。

宝宝6个月到1岁，每天奶量应在600～800毫升，1岁到1岁半每天奶量应不少于400毫升。即便宝宝很爱吃大人做的辅食，大人也要把握好度，不能一味地喂宝宝辅食，忽略了奶的“主角”身份。

巧妙安排辅食时间

有些宝宝依恋奶，不乐意吃辅食，可在每次喂奶前宝宝饥饿时，先给辅食，这样宝宝不会因为已吃饱而拒吃辅食。另外，在宝宝临睡前最后一次喂奶之后，给宝宝补喂一点米粉，有助于宝宝夜间的睡眠安稳。

以后，逐渐减少宝宝临睡前的这一次喂奶量而适当增加辅食的量，慢慢地，宝宝就会习惯吃辅食了。

帮宝宝养成良好的饮食习惯

吃完辅食，紧接着喂奶，让宝宝一次吃饱。辅食的进食量有限，要补够足量的奶才能让宝宝真正吃饱。这样也避免宝宝总是处在间断式半饥饿状态，老是要吃东西，不利于养成良好的饮食习惯。

如何判断宝宝是否吃饱了

用婴儿体重增加的情况和日常行为来判断宝宝是否吃饱是比较可靠的。如果宝宝清醒时精神好，情绪愉快，体重逐日增加，说明宝宝吃饱了；如果宝宝体重长时间增长缓慢，并且排除了患有某种疾病的可能，则说明通常认为宝宝吃饱的时候他并没有吃饱。

哺乳时，宝宝长时间不离开乳房；哺乳后，宝宝放开乳头，这是他吃饱的表现。

喂母乳一个月后，大部分妈妈都能知道婴儿是否吃饱了

辅食添加的效果怎么判断

辅食添加是有讲究的，但不管宝宝的体质如何不同，宗旨是帮助宝宝实现从单一奶水到多样食物之间的过渡。同龄宝宝之间存在发育差异，只要差异不是太大都是正常的。对于辅食添加效果，我们可以从以下几个方面去判断。

身高、体重是否在持续增加

不同孩子身体发育状况有所不同，不能认为自己的宝宝与其他宝宝身高相差几厘米，体重相差几千克，就认为辅食添加有问题。

一般来说，只要宝宝的身高、体重在持续地增加，就说明辅食添加是正常的。

进食行为是否渐渐转变

宝宝在断奶前，奶水是宝宝的主要营养来源。宝宝主要吃的是母乳或配方奶，用到最多的喂养工具就是奶瓶。如果宝宝在断奶后，辅食喂养的工具还是以奶瓶为主，宝宝还不习惯用勺子吃东西，说明辅食添加效果较差。

宝宝口味是否比较单一，挑食、厌食是否明显

在辅食添加的过程中，有的家长过分迁就宝宝的口味，宝宝喜欢吃什么就添加什么，不尝试添加不同味道、不同形状的食物，导致宝宝口味单一，挑食、厌食，拒绝尝试其他大部分食物。

宝宝是否过于肥胖

宝宝肥胖并不能说明辅食添加的效果特别好。宝宝的吸收能力是有限的，如果宝宝想吃就喂，不注意喂食的量和规律，导致宝宝身体内堆积大量剩余脂肪不能被消耗掉，增加了宝宝消化系统的负担，严重者会引发消化系统功能障碍。

有关辅食添加的食品安全问题

有毒食物对宝宝健康的危害

宝宝吸收到有毒食物中的有害成分的概率比成年人高得多。宝宝的饮食习惯不同于成年人，他们可能对某种食物特别爱吃，会连续几天只吃一种食物，例如苹果。如果苹果上有农药残留物，那么宝宝吸收其中的有害成分的概率会成倍增加。

0~3岁是宝宝大脑发育高峰期，有毒成分对宝宝大脑神经发育显然危害更重。宝宝身体发育功能不完善，解毒、排毒机制还没真正建立起来，尤其是宝宝的肝功能，对有毒物质的处理能力非常有限。

让宝宝远离有毒食物的建议

不要购买受到污染的食品。

不购买价格过于低廉的食品。

尽量选择贴有“有机食品认证”商标的食品。

蔬菜和水果多用水清洗，洗的时候加入一点蔬果清洁剂，再用清水漂洗会更干净。

尽量购买本地当季的食品。

检测你的饮用水或者购买饮用水净化装置来净化你的饮用水。

所有肉类、鱼类等动物性食物，要保证煮熟煮透。

大人准备辅食前，一定要先洗手。

超市购买的婴幼儿辅食，必须检查保质期和密封性，如有问题，一定不要买。

辅食是自己做，还是去买

很多家长认为，自己做辅食还是比较麻烦的，毕竟这需要耗费大量的时间和精力，同时婴儿辅食较成人饭菜在材料选择和烹饪过程上更加讲究，对于“上班族”的家长来说，往往心有余而力不足。

自制辅食与商品辅食优缺点比较						
	口味	成本	耗时程度	保质期	有无添加	适合人群
商品辅食	大众化	较低	低	长	有	上班妈妈
自制辅食	更具体	较高	高	短	无	全职妈妈

吃不完的辅食，该如何保存

谷物类辅食——米粉、自制面食

市售米粉打开后1个月内必须吃完。米粉不要存放在冰箱内，应放在阴凉干燥处。桶、盒装米粉的包装塑料膜不要全部撕开，具体方法参见包装盒上的说明。袋装米粉打开后，要放在装米粉的密封盒中保存，或者使用封口夹把袋口封住，放在阴凉干燥处。

自制面条、水饺、馄饨（未经过烹饪的），理论上的冷冻保存时间是3~5个月。给宝宝做好的面食，如果吃不完，建议平摊在盘子或其他容器中再放入冷冻室，将温度调至最低或开启速冻模式，让面食迅速冷冻。然后按宝宝每次食量分别装入密封袋中冷冻保存。

蔬果类辅食——蔬菜泥、果酱

蔬果类辅食最好现做现吃，理论上冷冻保存时间是6～12个月。如果是自制蔬果酱，其保存方法与市售蔬果泥的保存方法一样。

做好的蔬果酱，如果是2天内可以吃完的，装在密封盒里放进冷藏室即可。第2天之后才能吃完的，最好放在可密封的保鲜盒中，放入冷冻室保存。吃的时候，提前一两天先放置在冷藏室中使其逐渐解冻。

肉类辅食——鱼肉、牛肉、猪肉、鸡肉

自制肉泥冷藏后，保质期最长3天。要延长保质期，可将做好的肉泥分小份装入密封食品袋或保鲜盒中，放入冷冻室保存。不同的肉类保存时间也不同，如下：

1) 鱼肉：冷藏1～2天；冷冻90～180天。

2) 牛肉：冷藏1～2天；冷冻90天。

3) 猪肉：冷藏2～3天；冷冻270天。

4) 鸡肉：冷藏2～3天；冷冻360天。

高汤类辅食——排骨汤

高汤类辅食冷冻保存时间最长6个月，如排骨汤。具体保存方法如下：

1) 把汤放凉之后，倒入冻冰块用的方盒子里，进行冷冻；

2) 高汤冷冻成冰块状之后，放入一个密封袋中，放入冰箱冷冻保存，每次给宝宝做辅食的时候，取出一块加到菜里，会使饭菜更鲜香。

无论是自制辅食还是商品辅食，各有各的优点，也各有各的不足。不过，我们还是倡导宝宝的辅食由家长自己做，一方面可以增进与宝宝的感情，另一方面还可以100%保证食品的质量和新鲜度。

辅食添加与制作的常用工具

① 防滑碗

宝宝用的碗必须是平底防滑、防摔的，当然漂亮可爱也是很重要的。

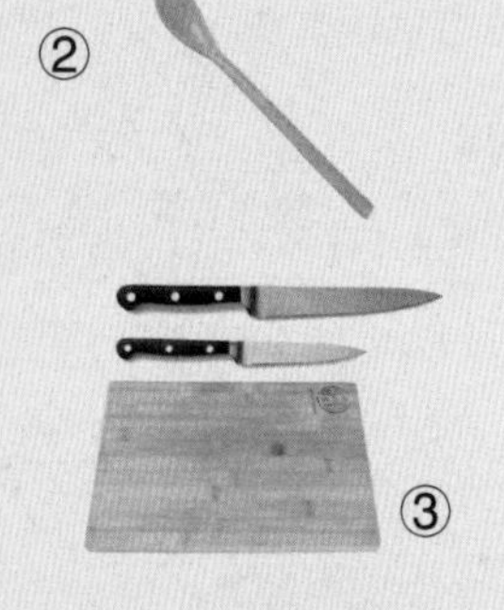

② 塑料勺子

铝制、铁制勺子过于坚硬，容易划伤宝宝的嘴巴，且铝和铁是热的优良导体，当辅食温度较高时，喂食过程中容易烫伤宝宝的嘴巴。

③ 刀、菜板

宝宝的辅食制作以细、碎和易消化为原则，刀和菜板要专用的。

④ 小汤锅

小汤锅可用来为宝宝煮汤，也可用来温热宝宝的辅食。

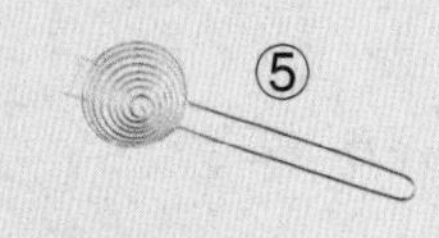

⑤ 过滤器

在给宝宝制作水果汁和菜汁的时候，要用到过滤器，一定要是不锈钢材质的。

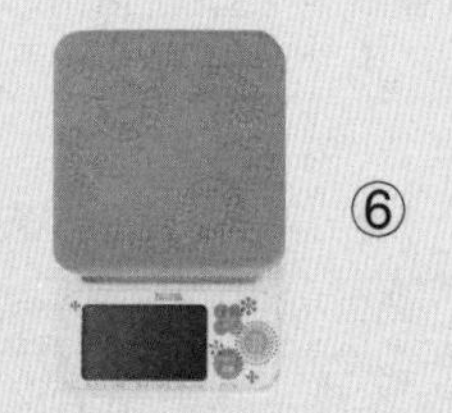

⑥ 计量器

宝宝辅食制作的原料用量须讲究，多一点或少一点都会影响辅食的营养成分，因此一定要尽可能精确。

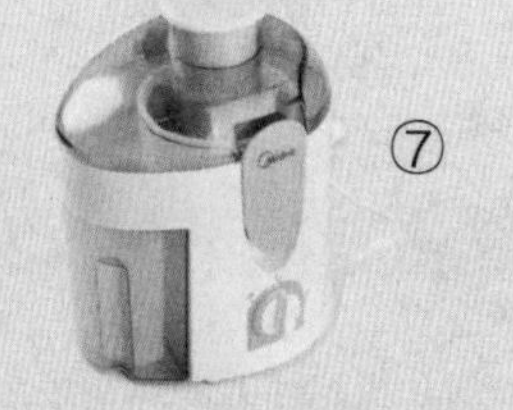

⑦ 榨汁机

专门用来制作果汁和菜汁的，也可以用来将食物打磨成泥或糊状，用后要注意清洗干净。

制作辅食小叮咛

1 辅食食材的选择

制作辅食的原料应选择新鲜天然的食材，最好是当天买当天吃。存放过久的食物不但营养成分容易流失，还容易发霉或腐败，使宝宝染上细菌和病毒。蔬菜和水果在烹饪之前要洗净，最好用清水或淡盐水浸泡半个小时。蔬果宜选择橘子、西红柿、苹果、香蕉、木瓜等皮壳较容易处理、农药污染较少的品种。蛋、鱼、肉、肝等食材要选择新鲜的并且煮熟，以免引起感染或过敏。

2 辅食制作禁忌

辅食添加初期，食物的浓度不宜太浓，如蔬菜汁、新鲜果汁，最好加水稀释。此外，也不要同时制作添加几种辅食。如果一起添加，宝宝突然接受太多种类辅食易消化不良或引起过敏反应，而且，种类太多宝宝就尝不出什么味道，久而久之就没有什么喜好的食物，这样会导致宝宝味觉混乱，对宝宝味觉发育无益。

3 学会优选健康食材

在日常生活中，大人要学会如何从蔬菜市场里购买新鲜、纯天然的食材。人工培养的反季节食物，其营养价值当然不如自然生长的， 安全性也有隐患。从食材的外观和气味也可以初步判断， 纯天然的、应季生长的蔬菜和水果，有食物本身特有的形状和气味，比如，催熟的番茄会失去番茄特有的气味；自然生长的黄瓜不会带有新鲜的黄花，瓜熟蒂落是自然规律，而打了生长素的黄瓜则会带有鲜艳的黄花。

4 制作前的准备

给宝宝制作辅食时一定要注意卫生。用来制作和盛放食物的各种工具要提前洗净并用开水烫好，过滤用的纱布使用前要煮沸消毒，制作食品的刀具、锅、碗等要生、熟食品分开使用。宝宝使用的餐具经常用来盛放美味的食物，很容易滋生细菌，妈妈应特别重视餐具的清洁和消毒。一般洗净后用沸水煮2～5分钟，消毒频率一天一次就可以。

5 营养巧搭配

不同类型的食物所含营养成分都不一样，这些营养成分在互相搭配时会产生互补、增强或阻碍的作用。如果妈妈能够注意到这些食物中的营养差别，并从中找到每种食材的“最佳搭档”，就能提高食物的整体营养价值，从而为宝宝的辅食加分。

6 辅食的烹饪小细节

在烹饪的过程中尽量采用蒸、煮、炖等方式，不能太油腻，辅食的精细程度要符合宝宝的月龄特点，最好根据宝宝的消化能力调节食物的形状和软硬度。刚开始时可将食物处理成汤汁、泥糊，再慢慢过渡到半固体、碎末状、小片成形的固体食物。蛋、鱼、肉等食材一定要煮熟，并且要注意去掉不容易消化的皮、筋，挑干净碎骨及鱼刺。

Part 3 宝宝不喜欢吃辅食怎么办

宝宝不吃辅食的常见原因

辅食添加的时间不对

辅食添加的时间是很有讲究的——太早，宝宝接受不了；太晚，错过了最佳的辅食添加时机。

宝宝进入恋奶期

如果您的宝宝在1岁半的时候出现恋奶情结，这是再正常不过的现象了。

宝宝根本就不饿

宝宝的肚子是很小的，消化能力也是很有限的，我们不能以成人的“三餐观”来为宝宝安排饮食。

消化不良，导致积食

有的家长认为，宝宝吃得越多，长得越壮。其实，宝宝的身体发育状况与吃得多少之间没有必然联系，关键看宝宝的吸收状况和营养状况。

没有他喜欢的餐具

宝宝是天真可爱的，食物、餐具的颜色丰富多样总是能引起宝宝的兴趣，不要连续几天都用一种颜色的餐具。

过早接触成人食物

宝宝一旦被成人食物的“重口味”刺激后，就会逐渐失去对自己清淡辅食的兴趣。在家喂不进几口辅食，还不停吐出来，可能就是重口味食物吃得过多，接受不了清淡辅食所导致的。

宝宝心里有不愉快的记忆

许多父母“爱子心切”，总认为给宝宝多喂辅食是为了宝宝好，当宝宝不喜欢吃某种辅食的时候，家长喜欢强迫、哄骗他，这种不好的记忆会在宝宝脑海里留下深刻的印象。因此，当家长下次给宝宝喂食辅食的时候，宝宝会下意识地产生抵触情绪。

宝宝营养不良

如果长期饮食不均衡，缺乏营养素，可能会造成宝宝营养不良，从而进一步影响宝宝的消化能力和食欲。例如，缺乏铁、锌、钙、钾、碘、B族维生素等，都会降低胃、肠道的消化吸收能力。

饭菜不合口味

每个宝宝跟大人一样都有自己喜欢的口味，家长在给宝宝安排辅食的时候，要有计划地为宝宝提供多样的饭菜，变着法地让宝宝多尝试不同口味的辅食。

宝宝生病了

宝宝也有感觉不舒服的时候，例如肠胃不适、腹胀、腹泻、感冒、发烧等，这些疾病都会导致宝宝胃口下降甚至拒食。

让宝宝爱上辅食的小窍门

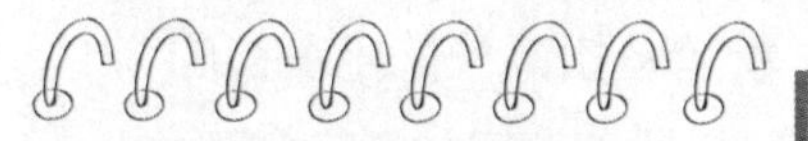

给宝宝准备喜爱的餐具

宝宝都喜欢拥有属于自己独有的东西，在保证餐具易发现污垢、易清洗的情况下，妈妈可为宝宝准备一套图案可爱、颜色鲜艳的餐具，以提高宝宝进食的兴趣。

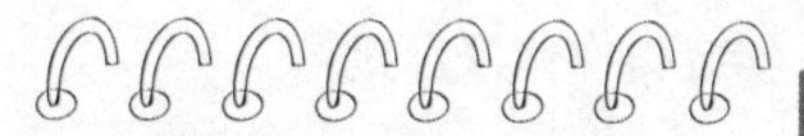

妈妈教宝宝怎样咀嚼食物

有的宝宝由于不习惯咀嚼，可能在喂辅食的时候会用舌头把食物往外推。这个时候，妈妈就需要教宝宝怎么咀嚼食物并吞下去。如果宝宝仍然不会，不妨耐心多示范几次。

提醒宝宝要吃饭了

吃饭前先提醒，有助于宝宝愉快进餐。如果宝宝玩得正高兴，却被要吃饭这件事打断的话，就很可能会产生抵触情绪而拒绝吃饭。就算是1岁的小宝宝，也应事先告之他即将要做的事，让宝宝慢慢养成习惯。

尝试让宝宝自己动手吃

宝宝1岁之后，慢慢开始有了独立意识，想要自己动手吃饭了。这个时候，妈妈可以鼓励宝宝自己拿汤匙吃东西，也可以让宝宝用手抓食物吃，这样不仅满足了宝宝的好奇心，让他们觉得吃饭是件有意思的事，同时也增强了宝宝的食欲。

学会食物代换原则

如果宝宝讨厌某种食物，也许只是暂时性不喜欢吃，妈妈可以先停止喂食这种食物，隔段时间再让他吃，在此期间，可以喂给宝宝营养成分相似的替换品。妈妈要多给孩子一些耐心，说不定哪天换一种烹调方式或者把饭摆成一个可爱的造型，宝宝就爱吃了。

营造轻松愉快的用餐氛围

要为宝宝营造一个洁净、舒适的用餐环境，并给宝宝准备固定的桌椅及专用餐具。宝宝吃饭较慢时，不要催促，要多表扬和鼓励宝宝，这样能增强宝宝吃饭的兴趣，让宝宝体会到用餐的快乐。

变着花样做辅食，给宝宝尝试各种新口味

富于变化的辅食可以促进宝宝的食欲，让宝宝保持对吃饭的新鲜感。妈妈还可以在宝宝喜欢的食物里加一些新的辅食，慢慢增加分量和种类。如果宝宝很讨厌某一种食物，妈妈可以在烹调的方法上变换花样，让宝宝慢慢接受这种食物。

不要用大人用的筷子给宝宝喂食，因为成人唾液中含有大量细菌，筷子上难免会有成人唾液，会增加宝宝感染疾病的风险。

宝宝不会吞咽也会把辅食吐出来

宝宝刚开始吃泥状食物时，可能会先把食物吃进去，又用舌头顶出来。

爸爸妈妈看到这种情形，往往以为宝宝不愿意吃，可是换了另一种食物喂，宝宝还是照样给吐出来，爸爸妈妈认为宝宝不肯吃奶以外的食物，也就不给宝宝喂辅食了。这样做是错误的。

其实，宝宝之所以会把正在吃的食物吐出来，不是宝宝不愿意吃，而是因为他不会吞咽食物。以前宝宝喝奶的时候，只要会“吮吸”就可以了，可是现在的食物单靠“吮吸”是不会自动往喉咙里流的，这需要“吞咽”。

宝宝还没学会吞咽之前，不能自如地运用舌头。不过如果他把食物顶出来挂在嘴边也没关系，总会吃下去一点点。他可能很快就会学会吞咽了，家长们不用为此烦恼。

宝宝以前不会吞咽，他需要学习。对于这一点，爸爸妈妈要给予充分的认识和理解，千万不要想当然地认为宝宝不喜欢吃，因此让宝宝失去学习吃东西的机会。

6个月了，终于可以品尝美味的米粉了

宝宝的第一口最佳辅食：含铁婴儿米粉

婴儿米粉是根据宝宝生长发育不同阶段的营养需求制造而成的。随着科学技术和工艺制造水平提高，越来越多的婴儿米粉成为宝宝的首选辅食，对于6个月左右的宝宝来说，此阶段的婴儿米粉常常会添加一些鱼肉、肝泥、牛肉等，营养比较丰富。

米粉一般可用市场上出售的“婴儿营养米粉”，也可把大米磨碎后自己制作。6个月的时候，宝宝体内储存的铁已经消耗得差不多了，因此第一口辅食最好是强化了铁的婴儿米粉。一般的市售米粉强化了铁，这是自制米粉不能具备的。

第一次辅食时间

宝宝第一次尝试辅食最理想的时间是一顿奶的中间。尽管辅食能提供热量，但是奶仍然是宝宝最满意的食品。因此，妈妈应该在先给宝宝喂食通常所需奶量的一半后，给宝宝喂1～2汤匙新添加的辅食，然后再继续给宝宝吃没有吃够的奶。这样，在一顿奶的中间，宝宝也许会慢慢习惯新的食品，然后渐渐增加吃辅食的量和种类。

用小勺子慢慢喂

第一次喂宝宝吃辅食，最好用勺子而不是奶瓶。对于那些细碎的食物，勺子比筷子显然方便得多。给宝宝选勺子，需要注意安全。勺子要避免边薄或头尖的那种，选宽度窄，凹陷部稍浅的就可以了，这样的勺子不会伤到宝宝的嘴。不要让勺子进入到宝宝喉部或用勺子压住宝宝的舌头，不然会引起宝宝的反感。

选择合适的婴儿米粉

妈妈在选购米粉的时候，要根据宝宝的月龄来选择。下面一些方法可以帮助妈妈选择更适合自己宝宝的米粉。

是否含宝宝过敏成分。例如，乳糖、牛奶蛋白，它们对1岁以下宝宝容易造成过敏。

蛋白质含量是否较高。蛋白质是构成人体组织的必需物质，所以家长在选购婴儿米粉的时候，尽量选择蛋白质含量高一些的。

米粉的颗粒大小是否合理。颗粒大小会影响宝宝对营养物质的吸收。

包装是否密封完好，生产日期是否是最新的。过期产品对宝宝的危害不言而喻。

选择适合宝宝月龄的产品。市售米粉的生产是针对各个不同年龄段的宝宝，要有针对性地选择。

妈妈还可以根据自己宝宝的需要，交替喂养不同配方的米粉，这样会让宝宝吃得更均衡、更有营养一些。

母乳与米糊应该如何搭配

米糊一般是用米粉调制的，可以吃到宝宝能喝粥吃肉泥的阶段，瘦肉、肝脏中富含血红素铁，可以帮助宝宝补铁。

6个月后

可在晚上入睡前喂小半碗稀一些的掺牛奶的米粉糊，或掺半个蛋黄的米粉糊，这样可使宝宝整晚不再因饥饿醒来，尿也会适当减少，有助于母子休息安睡。但初喂米粉糊时，要注意观察宝宝是否有吃米糊后较长时间不思母乳的现象，如果是，可适当减少米粉糊的喂食量或稠度，不要让它影响了宝宝对母乳的摄入。

8个月后

可在米粉糊中加少许菜汁、半个蛋黄，也可以在两次喂奶中间喂一些苹果泥、一小段香蕉等，尤其是当宝宝食用牛奶后有大便干燥现象时，香蕉、苹果泥、菜汁都有软化大便的功效，还可补充新鲜维生素。

10个月后

可再增加一次米粉糊，并可在米粉糊中加入一些碎肉末、鱼肉末、胡萝卜泥等，也可适当喂少半碗面条。牛奶上午、下午可各喂一次，此时的母乳营养已渐渐不足，可适当减少几次母乳喂养，以后随月龄的增加逐渐减少母乳喂养次数，以便宝宝逐渐过渡到可完全摄取正常食物。

关于宝宝辅食添加问题九问九答

母乳与配方奶可以混合喂食吗

虽然理论上来说，把母乳和冲好的配方奶混在一起吃没什么大问题，但是不建议采用这种方法。

首先，宝宝的吸吮比人工挤奶更能促进母亲乳汁的分泌。

其次，如果冲调配方奶的水温较高，会破坏母乳中含有的免疫物质；如果水温过低，可能不能把奶粉很好地溶解，有成团的现象。这样宝宝喝起来可能会有不好的口感，也会影响到正常的吸收。

再次，这样做不容易掌握需要补充的配方奶的量。如果宝宝喝不完的话，珍贵的母乳也要和配方奶一起倒掉，很浪费。

最后，母乳喂养不仅能让宝宝得到其他乳类中没有的营养素和免疫物质，而且通过母婴直接皮肤接触，使宝宝心理得到满足，更有利于建立良好的亲子关系。

因此，需要给宝宝喂食配方奶的情况下，最好还是用温开水冲调配方奶，单独喂食宝宝。

辅食越简单越好吗

答案当然是否定的。家长千万不能因贪图简单和方便，在宝宝辅食添加的问题上没有引起足够的重视。

辅食是宝宝重要的营养来源

随着婴儿的成长发育，母乳的营养已经渐渐跟不上婴儿的生长发育需要了，必须加入更稠、营养价值更高更多元的食物，才能满足婴儿的成长需要。另外，由于造血所需，婴儿本身的铁、铜等营养元素也不足，容易发生贫血。因此，需要添加辅食补充宝宝所需营养。

宝宝的营养需求是不断变化的

宝宝的营养需求，在这个时候也是不断发生变化的。虽然这个时候宝宝还是以母乳（或奶粉）为主，但是母乳的营养成分会随着宝宝的年龄变化而发生变化，这个时候，如果辅食的营养成分不高，或者没有根据宝宝实际情况有所调整，很有可能会造成宝宝营养不良。

不管宝宝的主食是母乳还是奶粉，辅食都不能太简单，更不能太单一，最重要的是要跟得上宝宝成长的脚步。

宝宝不喜欢用小勺怎么办

宝宝习惯了乳头，突然改用小勺，刚开始有点抗拒是正常的。

让宝宝学会用小勺吃东西，对顺利添加辅食是很重要的，同时，用小勺吃东西需要唇、舌、牙、咽喉很好地配合，这对于宝宝的口腔运动的发育和今后语言的发育都是很重要的，妈妈要有足够的耐心坚持训练，不可放弃。

用小勺喂辅食最好安排在喝奶之前，这样宝宝不会因为肚饱而无兴趣尝试。另外，要挑选质地比较软一点儿，大小合适的勺子。只要耐心坚持，方法得当，相信不用太长时间，宝宝就会用小勺吃得津津有味了。

宝宝吃辅食后消化不良怎么办

在宝宝有点消化不太好的情况下，要停掉米粉和蛋黄，尽量用母乳喂养，减少配方奶粉的喂养。辅食添加的原则是由少到多，慢慢添加，不要操之过急。

辅食可以加点盐吗

1岁以内宝宝的食物中不需要加盐和任何调味品，而且可以放心这样做，完全不用担心孩子因没有吃盐会没有劲。

过早地摄入盐对宝宝的身体和肾脏都是负担，而且味觉是互相比较的，从不加盐到逐渐增加，味觉也是逐渐上升的。如果过早地给宝宝饭食中加了盐，以后宝宝觉得不咸的东西就不吃，他的口味就会越来越咸。

好多4～5个月的宝宝，对大人吃饭表现出了极大的兴趣，因为那个时候他在心理上也想尝一尝除了自己所食用的食物以外的东西。经常是大人吃饭的时候他眼巴巴地望着，大人经常会有一种感觉——宝宝对吃饭挺有兴趣的，便拿筷子蘸点菜汤——那里面盐是最多的，给宝宝尝一尝。宝宝一旦小的时候尝了这种菜汤，你再让他吃没盐的泥糊状食物，他就觉得一点味道都没有，所以就过早地加重了宝宝的口味。

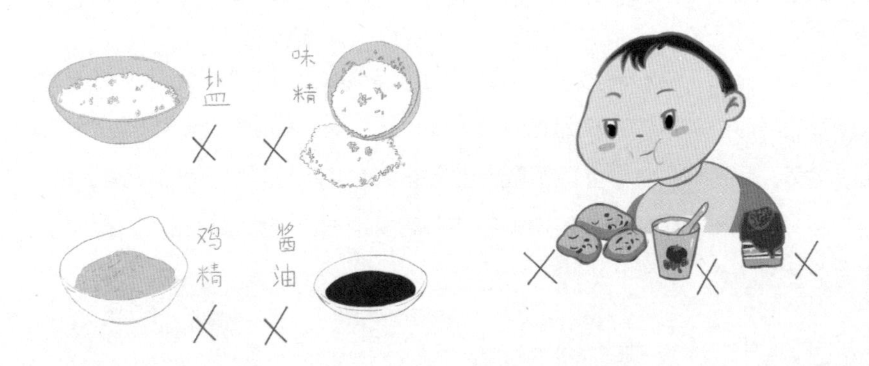

宝贝对辅食过敏怎么办

很多过敏症状会被误认为感冒或消化不良。流鼻涕、咳嗽还有腹泻等都是过敏的症状，妈妈需要检查一下宝宝吃的东西和自己吃的东西中是否有容易引起过敏的成分，比如奶制品、蛋类、海鲜、芒果等水果、小麦、花生、浆果等。

食物过敏的主要表现是在进食某种食物后出现皮肤、胃肠道和呼吸系统的症状。为减少婴儿食物过敏情况的发生，在给婴儿添加辅助食品时，要按正确的方法和顺序添加：先加谷物类，其次是蔬菜和水果，然后是肉类。每次只能加一种新食品，并且从少量开始逐步增加。

在添加辅食期间，要细心观察宝宝是否出现皮疹、腹泻等不良反应，若有应及时停止喂这种食品。隔几天后再试，如果仍然出现上述症状，则可以确定婴儿对该食物过敏，应避免再次进食。可通过食物过敏的筛查性检查和实验，找出可能的致敏食物。从婴儿食谱中剔除这种食物后，必须用其他食物替代，以保证婴儿的膳食平衡。

奶中大部分是水，还需要额外给宝宝喝水吗

还没有添加辅食的时候，宝宝通过奶可以摄取足够的水分，这个阶段通常是不需要额外补水的。但是在气候干燥、天气炎热的条件下，如果宝宝的尿液发黄、尿量减少，要注意适量给宝宝补水。

进入辅食添加阶段后，每次吃完辅食后，也要让宝宝喝几口水，有助于清洁宝宝口腔。

宝宝吃辅食变肥胖该怎么办

添加了辅食后，宝宝对奶的兴趣会减少，父母不要为了保证奶量就把奶粉冲调成高于标准浓度，更不要过早地在奶中添加米粉等辅食，否则不仅破坏了奶粉的营养配比，同时还会让宝宝因热量摄入超标而虚胖。对于6个月的宝宝，应该让米粉和菜泥的组合单独成为一顿“正餐”，这对饮食习惯的培养很重要。

妈妈最好自己给宝宝制作菜泥、米糊之类的食品，不要过多地依赖市售的婴儿泥糊类食品。这类食物大多因加工过于精细而损失了部分纤维素成分，热量高且消化吸收较快。过量进食这类食物，会让胖宝宝体重增加得更快。

奶粉和米粉能混在一起喂吗

婴儿配方奶粉有其专门的冲调方法，最好是用40℃～50℃的温白开水冲调。如果加入米粉，需改变冲调的水温，则有可能改变其营养成分。

对于6～7个月的宝宝来说，奶还应该是主食，而米粉是辅食，要适量添加。需要控制配方奶和米粉的比例，保证配方奶粉的量。

不能看宝宝喜欢吃米粉，就给得过多，这样会影响宝宝对配方奶粉的摄入量。久而久之，可能会因为蛋白质摄入不足而影响其生长发育。

Part 6

这些食物里藏着妈妈对你的爱

清淡米汤

材料:

水发大米90克

枸杞若干

做法:

1. 将已经浸泡好的大米倒入碗中，注入适量清水，搓洗干净，沥干水分，备用。砂锅中注入适量清水烧开，倒入已经准备好的大米。

2. 搅拌均匀。

3. 盖上盖，烧开后用小火煮 20 分钟，至米粒全部熟软。

4. 揭盖，搅拌均匀。

5. 将煮好的粥滤入碗中，撒上枸杞。

6. 待米汤稍微冷却后即可饮用。

大米含有蛋白质、维生素、矿物质，其所含的蛋白质能为肌肉组织的发育提供营养。用大米制成米汤，可提高宝宝的食欲，促进营养物质的消化吸收，增强宝宝的免疫力。

鲜红薯泥

喂养小贴士

红薯含有丰富的膳食纤维，对预防和缓解宝宝便秘有重要作用。

材料：

红薯50克

做法：

1. 红薯洗净去皮，切成小块。
2. 锅中注入适量清水烧沸，倒入红薯块。
3. 大火煮开后转小火，煮至红薯熟软。
4. 边煮边用勺子压成泥。
5. 关火盛出即可。

南瓜羹

喂养小贴士

南瓜中所含的β－胡萝卜素能使宝宝的生长发育维持健康状态。

材料：

南瓜50克，高汤适量

做法：

1. 南瓜洗净去皮，切成小块。
2. 锅置火上，倒入高汤、南瓜。
3. 边煮边将南瓜捣碎，煮至熟软。
4. 关火盛出即可。

香梨泥

喂养小贴士

香梨营养价值高，又不容易引起过敏，适合作为宝宝辅食。

材料：

香梨150克

做法：

1. 洗好的香梨去皮，切开，去核，再切成小块。
2. 取榨汁机，选择搅拌刀座组合。
3. 倒入切好的香梨。
4. 盖上盖，选择“榨汁”功能，榨取果泥。
5. 将榨好的果泥倒入盘中即可。

青菜泥

喂养小贴士

青菜含丰富的维生素和矿物质，能补充宝宝身体发育所需的营养物质，增强宝宝免疫力。

材料：

青菜50克

做法：

1. 将青菜择洗干净，切碎。
2. 锅中注入适量清水煮沸，倒入青菜末。
3. 煮 15 分钟后捞出。
4. 用勺将青菜碎末捣成泥。
5. 盛入碗中即可。

胡萝卜白米香糊

材料：

胡萝卜100克

大米65克

做法：

1. 胡萝卜洗净切丁，装盘备用。

2. 取榨汁机，选搅拌刀座组合，把胡萝卜放入杯中，向杯中加入适量清水。

3. 选择“搅拌”功能，将胡萝卜榨成汁，装碗。

4. 选干磨刀座组合，将大米洗净放入杯中，选择“干磨”功能，将大米磨成米碎。

5. 奶锅置于火上，倒入胡萝卜汁，用大火煮沸。

6. 轻轻搅拌几下，倒入米碎，搅匀，煮成米糊。

7. 起锅，将煮好的米糊盛出，装碗即可。

喂养小贴士

此糊营养全面、易消化，既能为婴幼儿提供充足的能量，又能为其生长发育提供所必需的营养素。尤其是胡萝卜中的胡萝卜素，可保护宝宝的视力。

藕粉糊

喂养小贴士

藕粉质地较黏稠，给宝宝食用时可适量调稀一点。

材料：

藕粉120克

做法：

1. 将藕粉倒入碗中，加入少许清水。
2. 搅拌匀，调成藕粉汁，待用。
3. 砂锅中注入适量清水烧开。
4. 倒入调好的藕粉汁，边倒边搅拌，至其呈糊状。
5. 用中火略煮片刻。
6. 关火后盛出煮好的藕粉糊即可。

苹果桂花羹

喂养小贴士

苹果桂花羹可保护宝宝肺部免受空气中灰尘和烟尘的影响。

材料：

苹果1个，桂花适量，米粉适量

做法：

1. 苹果洗净，去皮，去核，切成小块。
2. 取榨汁机，倒入苹果、适量温水榨成汁，去渣取汁。
3. 将苹果汁倒入锅中煮沸，再倒入米粉，边煮边搅拌。
4. 搅匀成羹，倒入桂花，略煮即可。

Chapter 2

7～9个月，让"奶娃娃"慢慢长大

Part 1

7个月：从“糊”到“泥”，不再“清汤寡水”

宝宝辅食添加之 YES or NO

YES 宝宝可以吃肉了

宝宝长到7个月时，就已经能吃一些鱼泥、肉末、肝末等食物了。科学而经济的喂养方法，应该是在补充肉类食物时，既要让婴儿喝汤又要让其吃肉。因为鲜肉汤中的氨基酸可以刺激胃液分泌，还可以增进食欲，帮助婴儿消化。而肉中丰富的蛋白质等更能提供婴儿所需的营养。添加肉的顺序应该是鱼肉——鸡肉——鸭肉——猪肉——虾——牛肉——羊肉 ——无壳水产品（墨鱼、鱿鱼、章鱼）——带壳水产品（各种贝类、螃蟹）。

YES 有的宝宝已经长牙了

这个时期的婴儿开始萌出牙齿，咀嚼食物的能力逐渐增强，可以在辅食中加少许碎菜、肉末等，并且辅食添加量要逐步增加，菜泥、果泥、肉泥可以做得稍粗糙些，用于磨牙。同时，帮助宝宝做好口腔清洁，减少夜奶的喂哺，带宝宝多晒太阳。

可以进一步给宝宝添加辅食吃肉了

7个月大的宝宝每天进食的奶量不变，分3～4次喂食。这时母乳已经不能满足宝宝生长的需要，应该进一步给宝宝添加辅食。辅食的品种要多样化，荤素搭配，营养均衡。

保证宝宝辅食的安全

从制作辅食到喂宝宝进食，我们都要保证这个过程是干净卫生的，要保证宝宝吃到的辅食是安全的。确保辅食的安全则包括以下两点：

用来制作辅食的食材和工具都必须是干净的：给宝宝烹饪辅食的食材要用清水洗干净，直到完全没有任何杂质，所用到的工具，比如案板、刀子、勺子等也最好用清洁剂洗干净以及消毒。

给宝宝烹饪的材料和食物不宜是上顿剩下的或是隔夜的：因为这两种食物在味道上和营养上都会不如新鲜的好吃，而且容易受到细菌污染。所以宝宝所吃的食材最好是新鲜的。

遇到不适要立刻停止添加

宝宝吃了新的食物后，妈妈应该要密切留意宝宝的消化情况，如果出现腹泻或排便不正常，应该立即暂停该食物的添加，并确定宝宝是否会对该食物过敏。

NO 不要阻止宝宝用手抓东西吃

6个月以后的宝宝，手的动作灵活多了，这个时候的宝宝什么都想抓着玩，吃饭的时候也想抓饭玩。宝宝能将抓到的东西往嘴里送，表示宝宝有了一定的进步，他已经在为以后自己吃饭打基础了。不过由于宝宝并不会自己吃饭，所以需要一个学习的过程，家长一定要有耐心。对于宝宝的这一行为，家长应该鼓励，不要因为担心脏而一味地阻止宝宝去做，应该从积极的方面采取措施，例如可以把宝宝的手洗干净，给宝宝围上一个大一点的围嘴或穿上罩衣，在他坐的周围铺一块塑料布等。这样即使饭碗翻倒了也没有关系。宝宝要抓饭，就让他抓好了，一般过上几分钟，宝宝新鲜劲儿过去了，家长就可以顺利地喂食了。

NO 宝宝不能光喝鱼汤、肉汤

7~9个月的宝宝已经能够进食鱼泥、肉末、肝末等肉类食品了，虽然如此，有的父母仍然在这个时候不让宝宝吃肉，只让他们喝汤，这样做是不正确的。动物性食物如鸡、鱼、猪肉等，煨成汤后，虽然有一部分营养成分溶解在了汤里，但那只是一些少量的氨基酸、肌酸、肉精、嘌呤基、钙等，这些成分使汤变得更加鲜美，大家都爱喝。但食物中的大部分营养（如蛋白质、脂肪、矿物质等）都还保留在肉内。

不管鱼汤、肉汤的味道多么鲜美，其营养成分仍然是远远比不上鱼肉、猪肉、鸡肉本身。如果只给宝宝喝汤，宝宝获得的营养成分必定很少，满足不了身体的需要。因此，爸爸妈妈在喂汤的同时还要适当给宝宝喂肉。

7个月宝宝要适当增强抵抗力

7个月以前，宝宝在胎儿期从母体中获得的免疫抗体还在起作用，加之很多孩子接受母乳喂养，还可以从母乳中获得丰富的免疫抗体，所以对一些病原体有足够的抵抗力，不容易生病。但是过了7个月，母乳食用量开始减少，辅食食用量开始增加，胎儿期获得的免疫抗体也消耗殆尽，而此时他们的免疫功能还没有健全，这个时期就特别容易患呼吸道感染等疾病。因此，宝宝从7个月开始，就要适当增强免疫力。

日常生活中，父母要尽量少带宝宝去人多的地方。如果家里有人患上传染性疾病的话，最好能做一些防护措施。这个月龄的宝宝由于长牙，口水分泌量增加，咽下不及时会引起呛咳或干呕，父母不必太紧张。如果是疾病引起的干呕，还会有其他的伴随症状。

对于辅食的添加，要注意铁的补充，宝宝对铁的需求量增加，每天需要大约1.0毫克的铁，如果添加不够，很容易出现贫血。

辅食不要加太多盐，对小宝宝来说，盐会增加肾脏负担。辅食要尽量清淡，不要用大人的味觉来衡量宝宝的口味。

另外酱油也要少吃，酱油里不但有盐，还有一些细菌，会对宝宝身体健康造成一定影响。

8个月：让宝宝自己坐着吃饭吧

宝宝辅食添加之 

YES 适当引入半固体食物

无论此阶段宝宝有没有出牙，都应该适当添加半固体食物了。大多数宝宝在8个月以后都不太爱吃很烂的面条或粥。大人们要根据宝宝的实际需要，及时调整辅食的性状，有意识地帮助宝宝顺利过渡。要知道，宝宝即使没有牙齿，也会很乐意用牙床将食物磨得更碎一些再吞咽下去。

这段时期给宝宝吃的辅食，宜在糊状食物中添加柔软的固体颗粒状辅食，如肉末、菜末、南瓜丁、胡萝卜丁、红薯丁、土豆丁等（煮烂后加入到米糊、粥或面条中去）。也可给婴儿喂食蛋羹、豆腐等。添加的食物颗粒可以粗些，也可以不过筛，但土豆仍要去皮，番茄和茄子仍要去皮、籽。为了促进宝宝乳牙的生长，可给宝宝食用饼干、烤面包片、馒头片等，也可选购钙奶饼干。

判断宝宝能吃颗粒羹状食物的方法

如果宝宝还不具备吃颗粒羹状食物的能力时，把这种食物喂到宝宝嘴里，一般都会被吐出来，即使不吐出来宝宝也有可能被呛着、噎着，这个时候不能强喂宝宝吃颗粒羹状食物。

但是如果喂到宝宝嘴里的时候，宝宝上嘴唇向前翘而且能够抿住小勺子把小食物放入口中，那就可以尝试喂食。

把勺子拿出来以后，宝宝能够闭住嘴唇并有节奏地让嘴巴蠕动，对食物进行研磨，再吞咽下去，而不会呛着或者噎着，那么这时候宝宝就可以消化颗粒羹状食物了。

8个月宝宝补钙很重要

钙是人体的生命元素，是人体中含量最多的矿物质之一，占体重的1.5%～2%。人体对钙的需求量很大，但人体内的钙会不断流失，因此需要不断地补钙来达到平衡。

钙在宝宝骨骼发育、大脑发育、牙齿发育等方面都发挥了重要作用，它对于骨骼的代谢和生命体征的维持也有着重要的作用。宝宝如果缺钙的话，常常不容易入睡，经常哭闹，而且会表现得很烦躁，甚至出现不愿意进食、容易出汗的情况。

8个月的宝宝骨骼生长得较快，开始慢慢长牙，学爬和学站立，每日所需钙的摄入量约400毫克。如果摄入不足，妈妈可以考虑在辅食中给宝宝添加富含钙质的食物。奶制品是最基本的补钙品，必须保证宝宝每天能够摄入700克以上的奶制品，另外可以让宝宝适当食用质地较柔软的奶酪，而且含盐量最好低于10%。此外，一些松软的高钙饼干也可以给宝宝吃。

喂食中要注意辅食种类的均衡

宝宝到了8个月的时候，随着辅食比例的增加，辅食的营养均衡也应该跟上，不能让宝宝只单一地吃一种辅食，过多地摄入同一种食物。

在宝宝原来进食米粉、蛋黄和蔬菜、水果的基础上，这个月要新增加肝泥、鱼肉、猪肉等，当然这些食物的制作必须符合宝宝的身体情况，以让宝宝健康消化为原则。

此外，由于可添加的辅食种类变多，因此可以把这几种食物分开搭配，将谷物、蛋肉、果蔬以适当比例做成蔬菜面糊或者颗粒羹状食物。但是注意在宝宝新的辅食菜谱里，不能在一天之内添加两种新的食物，鸡蛋和豆制品也不能在同一餐中加入。

随着辅食添加种类的增加，到了七八个月，许多宝宝已经开始吃肉了。不过，宝宝对肉类食物的消化能力依然较弱，尤其是畜肉中的动物油脂。因此，给宝宝做肉类辅食的时候，建议去掉肉汤中的油脂。

营养素不能补过量

吃得贵、吃得多并不能吃出聪明宝宝。除了正常母乳和有营养的食品外，不科学、不合理地给婴儿频繁添加营养素，反而影响孩子生长发育。生活条件好了，贫血、佝偻病、营养不良的现象大大减少，反之，由于营养素补充过量而引起的一系列幼儿富贵病却越来越常见。如果孩子不明原因地出现体重减轻、频繁喝水、慢性咳嗽、胃口不好、呕吐、便秘、肾结石、神经系统兴奋、吐奶、腹痛或胃部不适等，都有可能是营养素中毒引起的。一般来讲，科学喂养，均衡营养，从天然食品里摄取营养元素是最好的饮食方式。同时，还要纠正不正确的饮食习惯，让孩子从小不挑食，多晒太阳，在科学指导下补充营养素。

1岁以内的婴儿忌食蜂蜜

蜂蜜不仅味道甜美，而且是治疗多种疾病的良药。它含有丰富的果糖、葡萄糖和维生素C、维生素K、维生素B_2、维生素B_6以及多种有机酸和人体必需的微量元素等。许多年轻的父母，喜欢在喂婴幼儿的牛奶中加入蜂蜜，以加强宝宝的营养。实际上1周岁以下的婴儿，是不宜食用蜂蜜及花粉类制品的。这是因为在百花盛开的时候，尤其是夏季，蜜蜂有可能会采集一些有毒植物的蜜腺和花粉。有致病作用的花粉酿制成的蜂蜜，就会使人患上荨麻型风疹，而含雷公藤、山海棠花的蜂蜜，则会使人中毒。婴儿抵抗力弱，如果吃了这些蜂蜜，就会生病或中毒。因此，科学家们建议，为防患于未然，家长不要给1周岁以内的婴儿喂吃蜂蜜。

不可用炼乳作为婴儿的主食

炼乳奶香浓郁、味道甜美，是一种可口的食品。不过，炼乳不可以用来作为婴儿的主食。因为炼乳是用鲜牛奶经加热浓缩、蒸发水分制成的，制好的炼乳体积是原牛奶的一半，所以加1倍的水，就可变成牛奶。不过，炼乳在加工过程中加入了40%的糖，含糖量远远高于婴儿身体对糖的需要量。如果把炼乳加1倍水稀释，它的蛋白质、脂肪的含量就和牛奶一样，不过甜度太高，对宝宝不利；如果加4倍的水稀释，把含糖量降到10%以下，它的蛋白质和脂肪的含量又远低于牛奶，满足不了婴儿生长发育的需要。如果长期用炼乳哺育婴儿，婴儿就会营养不良、贫血、水肿、抵抗力降低，易患各种疾病。

帮助宝宝建立饮食规律

让宝宝围坐吃饭

8～9个月的宝宝大多都可以独坐了，发育慢一点的宝宝也能靠着坐了，因此，让宝宝坐在有东西支撑的地方来喂饭是件容易的事。问题是他每次喂饭靠坐的地方要一致，让他明白坐在这个地方就是为了准备吃饭的。这个月龄是培养定点吃饭的好机会，父母千万不要贻误良机。一般可选择在小推车上或婴儿专用餐椅上。这时候，宝宝对吃饭的兴趣是比较浓的，他们一到吃饭的时间，就好像很饿，饥不择食，哪里还在乎坐在什么地方，很乐意按父母的要求好好坐着吃的，这样在固定地点吃饭的习惯就容易培养起来。

让宝宝学习自己拿东西吃

在宝宝吃辅食时，可以让他自己拿饼干吃，也可以让他拿小勺，开始学着用勺子吃东西。即使孩子弄得到处都是，家长也要坚持不喂孩子，每个孩子都要经历这个过程。但如果他只是拿着勺子玩，而不好好吃饭，则应该收走小勺。

培养宝宝集中精力吃饭的习惯

在宝宝吃饭时，让宝宝专心就餐很重要，专心吃饭有利于胃酸和消化酶的分泌。如果吃饭时注意力不集中，时间一久，就会影响宝宝的消化功能。专心吃饭的另一个好处是培养宝宝专心做一件事情的好习惯。让宝宝进餐时有一个固定的座位，家长每日在这里给宝宝喂饭，吃东西时不打闹、不说笑，不要分散宝宝的注意力，提供给宝宝良好的进食环境。

在宝宝吃饭时，大人不要和他逗笑，更不要在宝宝吃饭时呵斥他，即便是宝宝做了错事，也要等他把饭吃完了再说。因为如果宝宝在吃饭时受到训斥，他的心理就会受到影响，变得没心情吃饭，从而可能引起消化不良。

有的宝宝在吃饭时还在玩玩具，这种习惯是很不好的，家长一定要阻止。在宝宝吃饭之前，妈妈应该让宝宝做好进餐的准备，如将他手中的玩具放到指定的地点。天长日久，他自然就知道吃饭与玩耍是不一样的，而且在吃饭时是不能玩玩具的。当然，进餐前，还要做洗手、洗脸的准备活动。从小养成的这些好习惯会使宝宝受益终身。

出乳牙期的口腔护理

有些父母认为乳牙迟早要换成恒牙，因而忽视对宝宝乳牙的保护。这种认识是错误的。如果宝宝很小时乳牙就坏掉了，与换牙期间隔的时间就会变长，这样会对宝宝产生一些不利的影响。首先，会影响宝宝咀嚼；其次，可导致宝宝消化不良，造成营养不良和生长发育障碍；此外，还会影响宝宝的语言能力。

宝宝虽小，牙齿保护也很重要

宝宝出牙期间注意事项

母乳或者配方乳中含有乳糖和碳水化合物，是细菌存活的能量来源，所以不要以为小宝宝就不用刷牙。开始时要选择合适的乳牙刷，刷头要够小，刷毛要够软。市场上也有专门的指套牙刷，妈妈坐在椅子上，把宝宝抱在腿上，让宝宝的头稍微往后仰，用干净的纱布或指套牙刷蘸点清水轻轻擦拭宝宝的牙龈和长出来的牙齿。

每次进食后都要给宝宝喂点温开水，或在每天晚餐后可用2%的苏打水清洗口腔，防止因细菌繁殖而发生口腔感染。还可以给宝宝吃些较硬的食物，如苹果、梨，既可锻炼牙齿，又可增加营养。如果宝宝喜欢吃手指，父母应该注意清洗宝宝的手，避免细菌或病毒从口而入。

8个月宝宝要补充维生素D

维生素D是宝宝不可缺少的一种重要维生素。它被称为阳光维生素，皮肤只要适度接受太阳光照射便不会缺乏维生素D。

维生素D也被称为抗佝偻病维生素，是人体骨骼正常生长的必要营养素，其中最重要的是维生素D_2和维生素D_3。维生素D_2的前体是麦角醇，维生素D_3的前体是脱氢胆固醇，这两种前体在人体组织内是无效的，当受到阳光的紫外线照射以后才能转变为维生素D。它可以保存在宝宝的体内，帮助宝宝长牙、健全牙齿和骨骼的发育，促进宝宝体内钙和磷的吸收，预防佝偻病，促进宝宝的生长发育，同时还能辅助维生素A的吸收，有效地增强宝宝抗感冒的能力。在条件允许的情况下，妈妈可以每日带宝宝晒太阳20至30分钟，这样有利于宝宝身体获得足够的维生素D。

宝宝如果缺乏维生素D，容易出现小儿佝偻病，还会经常哭闹、睡眠不好，甚至出现颅骨软化，即用手指按压枕骨会出现内陷，松手以后又回弹。

鱼肝油富含维生素D，适当给宝宝补充维生素D，可以帮助宝宝长牙、健全牙齿和促进骨骼的发育。

9个月：咀嚼训练，保护宝宝的胃

宝宝辅食添加之YES or NO

YES 9个月宝宝可以三餐定时了

宝宝到了9个月，一般已长出3～4颗乳牙，同时具有一定的咀嚼能力，消化能力也相对增强，这时除了早晚各喂一次母乳外，白天可逐渐停止母乳，每天安排早、中、晚三餐辅食，这个时候，宝宝已经逐渐进入断奶后期。

饮食上，可适当添加一些相对较硬的食物，如碎菜叶、面条、软饭、瘦肉末等，也可在稀饭中加入瘦肉末、鱼肉、碎菜、土豆、胡萝卜、蛋类等，进食量上可以较上个月有所增加。还可增加一些零食，如在早、午饭之间增加点饼干、馒头片、面包等固体食物，补充些水果类食物。在加工食物时要把食物较粗的根、茎去掉，在添加辅食的过程中要注意蛋白质、淀粉、维生素、脂肪等营养物质的平衡，蔬菜品种需多样。

增加粗纤维的食物

从9个月起可以给宝宝增加一些粗纤维的食物，如茎秆类蔬菜，但要把粗的、老的部分去掉。9个月的宝宝已经长牙，有咀嚼能力了，可以让其啃食硬一点的东西，这样有利于乳牙萌发。

9个月宝宝要补充维生素A

维生素A是构成视觉细胞中感受弱光的视紫红质的组成成分，与暗视觉有关，可维持正常视觉功能，维护上皮组织细胞的健康和促进免疫球蛋白的合成，维持骨骼正常生长发育，同时促进生长。

缺乏维生素A可影响视紫红质的合成，导致暗光下的视力障碍，出现夜盲症或干眼症。而除此之外，宝宝如果体内缺乏维生素A，会导致皮肤干燥、抵抗力下降等症状。另外，维生素A有助于巨噬细胞、T细胞和抗体的产生，可增强婴幼儿抗御疾病的能力。其对促进婴幼儿骨骼生长同样意义重大。当婴幼儿体内缺乏维生素A时，骨组织将会发生变性，软骨内骨化过程将会放慢或停止，使宝宝发育迟缓，牙齿发育缓慢、不良。因此这个时期的宝宝要注意补充维生素A，富含维生素A的食物有水果类（梨、苹果、香蕉、桂圆、杏、荔枝、西瓜等）、蔬菜类（大白菜、西红柿、南瓜、黄瓜、青椒、菠菜 、胡萝卜等）。动物性食物中，猪肉 、鸡肉、鸡蛋也富含维生素A。

科学判断9个月宝宝是否可以吃半固体食物

9个月了，部分宝宝已经开始长牙，并且辅食的添加也逐渐增多，那么怎么才能判断宝宝是否可以进食半固体的食物呢？首先宝宝要对食物产生兴趣，看见食物后拍手或表示开心，这说明宝宝已经从心里接受食物，并对食物有所期待。其次宝宝进食后，可以独立咀嚼食物，并且顺利咽下，不会出现呕吐等现象。最后，家长要时刻观察宝宝进食后有无任何不适的症状，观察宝宝的大便性状是否正常。如果无任何异常现象出现，那么说明宝宝已经完全适应了半固体食物，家长们完全可以逐步添加这一类辅食了。

9个月宝宝辅食制作不用太精细

对于这个月龄的宝宝，牙齿生长速度相对较快，给予的辅食可以不用像之前几个月那样精细了，可以开始给宝宝吃面条、肉末、馒头等比较软的固体食物，除了不能吃花生、瓜子等比较硬的食物外，大人们平时吃的东西都可以让宝宝逐渐尝试着吃。因为这个时期，宝宝已经长出几颗牙齿，并且胃肠功能逐渐健全。如果此时还是继续喂给宝宝过于精细的辅食，就会导致宝宝的咀嚼、吞咽功能得不到应有的训练，不利于牙齿萌出和正常排列。而且，如果食物过于精细，一旦缺少对食物的咀嚼，就既勾不起食欲，也不利于味觉发育。

不要勉强喂宝宝不喜欢吃的辅食

有些宝宝会不喜欢吃颗粒状的食物，也偶尔会出现暂时不喜欢吃某一种食物的时候，这个时候妈妈不应该以为“再努力耐心地去喂宝宝就会吃”，也不应该着急，而是应该耐心等待几天，宝宝很可能就会吃了。

不要用嚼过的食物喂养宝宝

现在年轻的父母都已经知道这种做法是不对的，但把食物嚼碎后喂给宝宝的现象仍时有发生，原因在于现在有些宝宝是由老人或保姆带。有些老人或保姆认为把食物嚼碎后再喂给宝宝可以使食物易于被宝宝消化，有利于宝宝健康成长；而宝宝的父母忙于工作，又忽略了此问题。这种做法不对的原因是：大人口腔中的一些病菌会通过咀嚼食物传染给宝宝。大人抵抗力强，不易生病，而宝宝抵抗力弱，病菌进入体内很容易生病。

让宝宝自己咀嚼食物，可以刺激牙齿的生长，并反射性地引起胃内消化液的分泌，增进食欲；唾液也可因咀嚼而增加分泌量，况且，这个时期的宝宝完全可以自己完成咀嚼任务。

遇上让人不省心的宝宝怎么办

不同的宝宝，有不同的个性。在给宝宝添加辅食的时候，除了要考虑宝宝的咀嚼能力外，还应考虑宝宝对辅食的喜欢程度、妈妈的母乳是否充足、宝宝的睡眠是否良好等因素。综合起来，主要有以下五种宝宝。

1 喜欢吃辅食的宝宝

这种宝宝是最省事的了，他们对辅食已经很熟悉了，并形成了吃辅食的规律，继续按照宝宝的规律喂养即可，只要宝宝生长发育正常，不需要特别操心。

2 吃辅食特别慢的宝宝

有的宝宝吃一次辅食要花1个小时的时间。专家建议，要及时纠正这种状况，不能无限制地延长吃辅食的时间，要知道每次吃辅食的时间越长，相应吃辅食的次数就会减少，宝宝睡觉和活动的时间也会随之压缩，这对宝宝的生长发育是非常不利的。建议每次吃辅食的时间不要超过30分钟。

3 吞咽辅食有困难的宝宝

有的宝宝在吃辅食的时候，会出现吞咽困难的问题，很容易噎着、呛着。遇到这种情况，爸爸妈妈一定要有耐心，让宝宝慢慢适应。随着月龄的增加，宝宝很快就会顺利地吃辅食了。

4

半夜还要吃奶的宝宝

宝宝经常性地在夜间要奶吃，这是很正常的事情，妈妈不必为此烦躁不堪。解决问题的最好方式，就是尽量在妈妈还没有睡觉的前半夜多喂几次，还可以适当添加些辅食，让宝宝吃得饱一点。当然，这种问题要视宝宝具体情况而定，宝宝确实饿了，那就给宝宝吃，随着宝宝慢慢长大，这种情况会渐渐消失的。

5

喂奶量减少的宝宝

添加辅食之后，有的宝宝对奶的需求量明显减少了，这个时候就要适当减少喂辅食的量。如果宝宝实在不爱喝奶，建议延长辅食与奶的间隔时间，要有意识地把宝宝的饮食结构调整过来。要知道，1岁以下的宝宝还是要以奶为主。

让宝宝自己喝水

训练宝宝自己用杯子喝水，可以锻炼宝宝的手部肌肉，发展其手眼协调能力。这个阶段的宝宝大多不愿意使用杯子，因为以前一直用奶瓶，他已经习惯了。即使这样，父母仍然要教导宝宝使用杯子。首先要给宝宝准备一个不易摔碎的杯子。尤其是带吸嘴且有两个手柄的练习杯，不但易于抓握，还能满足宝宝半吸半喝的饮水方式。

要选择吸嘴倾斜的杯子，这样水才能缓缓流出，以免呛着宝宝。还可选择颜色鲜艳、形状可爱的杯子，这样可以让宝宝拿着杯子玩一会儿，待宝宝对杯子熟悉后，再放入水。接着将杯子放到宝宝的嘴唇边，然后倾斜杯子，将杯口轻轻放在宝宝的下嘴唇上，让杯里的水刚好能触到宝宝的嘴唇。如果宝宝愿意自己拿着杯子喝，就让宝宝两手端着杯子，家长帮助他往嘴里送。

给宝宝选择奶粉

看标签选择奶粉

一般市面上的奶粉，按国家标准规定，在奶粉外包装上必须标明厂名、厂址、生产日期、保质期、执行标准、商标、净含量、配料表、营养成分表及食用方法等项目，若缺少上述任何一项最好不要购买。营养成分表中一般要标明基本营养成分，或者还要标明添加的其他营养物质。

根据产品的性状、手感、颜色和口感选择奶粉

购买罐装奶粉时可以通过摇动罐体来判断奶粉情况，如果发现奶粉中有结块、撞击声，则证明奶粉已经变质，不能食用。袋装奶粉则是用手去捏，如果手感松软平滑，内容物有流动感，则为合格产品。

质量好的奶粉颗粒均匀，无结块，颜色呈均匀一致的乳黄色，杂质少。质量好的奶粉冲后无结块，液体呈乳白色，品尝时奶香味浓；而质量差或乳成分低的奶粉冲调性差，即所谓的冲不开，品尝时奶香味差甚至无奶的味道，或有香精调香的香味。另外，淀粉含量较高的产品冲后呈糨糊状。

根据婴幼儿的年龄选择合适的产品

家长要根据婴幼儿的年龄选择合适的产品，针对各个年龄阶段的婴幼儿，奶粉的配方不尽相同，购买时要注意看清产品标注。

Part 5

这些食物里藏着妈妈对你的爱

上海青鱼肉粥

材料：

鲜鲈鱼500克

上海青50克

水发大米95克

做法：

1. 将洗净的上海青切成丝，再切成粒。
2. 将处理干净的鲈鱼切成片。
3. 锅中注水烧开，倒入水发好的大米，拌匀。
4. 盖上盖，用小火煮 30 分钟至大米熟烂。
5. 揭盖，倒入鱼片，搅拌匀。
6. 再放入切好的上海青，用锅勺拌匀，略煮一会至熟。
7. 盛出煮好的粥，装入碗中即可。

在给宝宝食用时，可先将米捣成米碎，会更容易让宝宝食用。

喂养小贴士

红薯含有膳食纤维、胡萝卜素、多种维生素以及微量元素，营养价值很高。

红薯红枣泥

材料：

红薯半个，红枣4颗

做法：

1. 红薯洗净去皮，切成小块。
2. 红枣洗净去核，切成碎末。
3. 将红薯块、红枣末分别装入碗中，放入蒸锅中蒸熟。
4. 取出后放入碗中，加适量温开水捣成泥即可。

喂养小贴士

草莓土豆泥能给宝宝补充蛋白质，促进宝宝生长发育。

草莓土豆泥

材料：

草莓50克，土豆200克

做法：

1. 土豆去皮、洗净，切成薄片。
2. 锅置火上，注入适量清水，加土豆煮至熟软，捞出沥干。
3. 草莓放入保鲜袋，压成草莓酱。土豆压成泥。
4. 取大碗，放入土豆泥、一半草莓酱搅拌均匀。
5. 淋入剩余草莓酱即可。

山药羹

材料：

山药50克

做法：

1. 山药去皮洗净，切成小块。
2. 放入蒸锅中蒸熟，压成泥。
3. 锅置火上，倒入适量清水煮沸，放入山药搅拌均匀。
4. 用小火煮至羹状即可。

核桃红枣羹

材料：

核桃30克，红枣50克

做法：

1. 核桃去皮，切成末。
2. 红枣泡软后去核，切成末。
3. 锅中注入适量清水烧沸，倒入核桃、红枣。
4. 同煮 5 分钟至熟即可。

栗子红枣羹

材料：

栗子100克，红枣30克

做法：

1. 栗子去壳、洗净，煮熟之后去皮，切成末。
2. 红枣泡软，去核，切成末。
3. 锅中注入适量清水烧沸。
4. 倒入栗子、红枣，烧沸后转小火煮 5 分钟。
5. 关火盛出即可。

喂养小贴士

板栗的热量较高，给宝宝食用时不宜过量。

土豆胡萝卜肉末羹

材料：

土豆110克，胡萝卜85克，肉末50克

做法：

1. 土豆去皮洗净切成块，胡萝卜洗净切成片，放入烧开的蒸锅中蒸熟。
2. 取榨汁机，把土豆、胡萝卜倒入杯中，加入适量清水。
3. 盖上盖子，榨取土豆胡萝卜汁。
4. 砂锅中注入适量清水烧开，放入肉末。
5. 倒入榨好的蔬菜汁，拌匀煮沸，煮至食材熟透即可。

喂养小贴士

胡萝卜含有较多的纤维素，食用后可以很好地帮助宝宝消化。

蛋黄鱼泥羹

材料：

鱼肉30克，熟鸡蛋黄1/2个

做法：

1. 鱼肉洗净，去皮，去刺，放入蒸锅中蒸熟。
2. 将鱼肉、熟鸡蛋黄分别压成泥。
3. 取一小碗，倒入鱼肉泥、熟鸡蛋黄泥、适量温水。
4. 调匀即可。

喂养小贴士

蛋黄中含有大量的磷和铁，对于尚不能吃肉类的婴儿来说，有重要的作用。

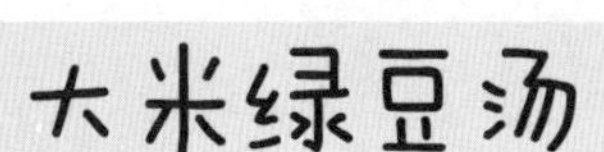

材料：

水发大米50克，水发绿豆100克

做法：

1. 取出电饭锅，倒入泡好的大米、绿豆。
2. 加入适量清水，搅拌均匀，煮 2 小时至食材熟软。
3. 打开盖子，搅拌一下。
4. 断电后将煮好的汤装碗即可。

喂养小贴士

绿豆有增进食欲的功能，能为机体的许多重要脏器增加营养。

鳕鱼鸡蛋粥

材料：

鳕鱼肉160克

土豆80克

上海青35克

大米100克

熟蛋黄20克

做法：

1. 蒸锅注水上火烧开，放入洗好的鳕鱼肉、土豆。
2. 盖上盖，用中火蒸约 15 分钟至其熟软。
3. 揭盖，取出蒸好的材料，放凉待用。
4. 洗净的上海青切去根部，切成碎末。
5. 将熟蛋黄压碎。
6. 鳕鱼肉碾碎，去除鱼皮、鱼刺；土豆压成泥，备用。
7. 砂锅中注入适量清水烧热，倒入大米，搅匀。
8. 盖上盖，烧开后用小火煮约 20 分钟至熟软。
9. 揭盖，倒入鳕鱼肉、土豆、蛋黄、上海青，搅拌均匀。
10. 加盖，续煮 20 分钟至粥浓稠即可。

鳕鱼可事先用料酒腌制片刻，能更好地去腥，使粥羹鲜美。

小米山药粥

喂养小贴士

小米一定要浸泡清洗，这样能更好地去除残留农药。

材料：

水发小米120克，山药95克

做法：

1. 洗净去皮的山药切成厚块，再切条，改切成丁。
2. 砂锅中注入适量清水烧开，倒入洗好的小米，放入山药丁，搅拌匀。
3. 盖上盖，用小火煮 30 分钟，至食材熟透。
4. 揭开盖，搅拌均匀。
5. 盛出煮好的小米粥，装入碗中即可。

紫菜豆腐汤

喂养小贴士

紫菜中含有钙、铁、碘等微量元素，具有很高的营养价值。

材料：

豆腐30克，紫菜10克

做法：

1. 豆腐洗净，切成小丁。
2. 紫菜漂洗干净，切碎。
3. 锅中注入适量清水烧沸，加入豆腐丁、紫菜碎，煮沸。
4. 转小火，煮至豆腐熟透。
5. 关火盛出即可。

紫薯粥

材料：

水发大米100克，紫薯75克

做法：

1. 洗净去皮的紫薯切片，再切条，改切成小丁块，备用。
2. 砂锅中注入适量清水烧开，倒入洗净的大米，搅拌匀。
3. 盖上盖，烧开后用小火煮约 30 分钟。
4. 揭开盖，倒入切好的紫薯，搅拌匀。
5. 再盖上盖，用小火续煮约 15 分钟至食材熟透。
6. 揭开盖，搅拌均匀即可。

喂养小贴士

紫薯可事先蒸一下，会更方便宝宝食用，以免伤到宝宝的牙龈。

鸡汤南瓜泥

材料：

南瓜50克，鸡汤适量

做法：

1. 南瓜去皮，洗净后切成丁。
2. 将南瓜放入蒸锅中蒸熟。
3. 取出，装入碗中。
4. 倒入适量热鸡汤。
5. 用勺子压成泥即可。

喂养小贴士

南瓜富含胡萝卜素，能保护宝宝的眼睛，还能全面提高宝宝的免疫力。

葡萄干土豆泥

材料：

葡萄干10粒，土豆半个

做法：

1. 土豆洗净去皮，切成小块，放入蒸锅中蒸熟后捣成泥。
2. 葡萄干用温水泡软，切碎。
3. 锅中注入适量清水煮沸，倒入土豆泥、葡萄干。
4. 煮沸后转小火煮 3 分钟，关火后盛出即可。

芹菜米粉

材料：

芹菜50克，米粉适量

做法：

1. 芹菜洗净，去叶，切碎。
2. 锅中倒入适量清水煮沸。
3. 倒入芹菜碎煮软，然后倒入米粉搅拌至黏稠。
4. 关火盛出即可。

香菇碎米汤

材料：

香菇1朵，碎米适量

做法：

1. 香菇洗净去蒂，切成末。
2. 锅中注入适量清水烧沸，倒入碎米、香菇。
3. 加盖，大火煮沸后转小火煮 40 分钟。
4. 关火盛出汤汁即可。

喂养小贴士

香菇中含有促进钙质吸收的维生素D，有助于强化骨骼。

菠菜香蕉泥

材料：

菠菜20克，香蕉半根

做法：

1. 菠菜洗净、切粒，放入沸水中焯烫后捞出。
2. 香蕉去皮，把果肉压烂，剁成泥状。
3. 取榨汁机，倒入菠菜，榨取汁水。
4. 锅中注入适量清水烧热，倒入菠菜汁、香蕉泥。
5. 用锅勺搅拌均匀，煮至沸即可。

喂养小贴士

香蕉含有丰富的碳水化合物、蛋白质，还含有丰富的钾、钙、磷、铁。

百宝豆腐羹

喂养小贴士

熬制时可简单勾芡，味道会更浓郁。

材料：

豆腐30克，鸡肉10克，香菇1朵，虾仁30克，菠菜40克

做法：

1. 将鸡肉、虾仁洗净剁成泥。
2. 香菇泡发后去蒂，洗净，切成丁。
3. 菠菜焯水后切成末，豆腐压成泥。
4. 锅置火上，倒入适量清水，煮沸后放入鸡肉泥、虾仁泥、香菇丁。
5. 煮沸，放入豆腐泥、菠菜末，小火煮熟即可。

香甜金银米粥

喂养小贴士

小米富含锌，能促进食欲，增强免疫力，促进生长发育，特别适合需要补锌的宝宝。

材料：

小米80克，大米100克，肉松适量

做法：

1. 大米、小米淘洗干净。
2. 锅中注入适量清水烧沸，倒入大米、小米。
3. 加盖，大火煮沸后转小火煮熟。
4. 揭盖，倒入肉松，搅拌均匀。
5. 把肉松煮熟，关火盛出即可。

Chapter 3

10～12个月，自己吃饭香喷喷

10个月：自己动手抓，固体食物也不怕

宝宝辅食添加之YES or NO

YES 10个月宝宝的辅食以细碎为主

10个月左右的宝宝处于婴儿期的最后阶段，生长速度不如从前，每天需要的营养2/3来自辅食，所以辅食添加一定要丰富。此时的宝宝可以吃鱼、肉、蛋等各种食物了，而且宝宝一般长出了4～6颗牙，虽然牙少，但宝宝已学会用牙床咀嚼食物，这个动作也可以促进宝宝牙齿的发育。此时宝宝的奶量明显减少，辅食质地以细碎为主，不必制成泥糊状了。这时的辅食应由细变粗，不应再一味地剁碎研磨。烂面条、肉末蔬菜粥就是不错的选择，同时可逐渐增加食物的量和体积，如此不但能锻炼宝宝的咀嚼能力，还能帮助他们磨牙，促进牙齿发育。

有些蔬菜只要切成薄片即可。妈妈制作辅食时，采用蒸、煮的方式比炒、炸的方式能保留更多营养元素。

最好给宝宝吃去皮的水果

水果中含有人体所需的维生素C，适量吃水果对身体有益，尤其是果皮中维生素含量更为丰富，很多水果的精华部分都在其果皮中，例如苹果。但是在给宝宝食用前，家长要注意洗净去皮，虽然果皮含有一些营养成分，但由于现在农药、杀虫剂、助长剂、着色剂的过多使用，甚至一些进口果品用溴甲烷或剧毒农药熏过，所以一定要及时去皮。大点的水果也尽量去皮后食用，过硬的水果则需要切成小块后煮食。

对于进食水果的时间也有讲究，忌饭后立即吃水果。饭后立即吃水果，不但不会帮助人体消化，反而会造成胀气或便秘。因此，给宝宝吃水果宜在饭后2小时或饭前1小时。吃水果后要让宝宝及时漱口，因为有些水果含有多种发酵糖类物质，对宝宝牙齿有较强的腐蚀性，食用后若不漱口，口腔中的水果残渣易造成龋齿。

10个月宝宝要补充维生素B_1、维生素B_2、维生素B_6

维生素B_1的重要功能是调节体内糖代谢，同时也可促进胃肠蠕动，帮助消化，特别是碳水化合物的消化，增强食欲，同时还能预防疾病，提高宝宝机体的免疫力。这个时期的宝宝，如果还是长期以精制米为主食，不添加粗粮，或切碎蔬菜浸泡过久，加工过细等，都可造成维生素B_1损失、缺乏。维生素B_1广泛存在于天然食物中，最为丰富的来源是葵花子仁、花生、大豆粉、瘦猪肉，其次为粗粮、全麦、燕麦等谷类食物，鱼类、蔬菜和水果中含量较少。

维生素B_2又称核黄素，是宝宝健康成长的必需维生素。维生素B_2缺乏在我国是一种比较常见的营养缺乏病。维生素B_2摄入不足为核黄素缺乏最常见的原因，临床主要表现为唇干裂、口角炎、舌炎等。人体代谢后多余的维生素B_2可以随尿排出。

维生素B_6是制造抗体和红细胞的必要物质，摄取高蛋白食物要增加它的摄取量。

维生素B_6是水溶性维生素，同

样需要通过食物或营养补品来补充，且不易被保存在体内，在婴幼儿摄取后的8小时内会排出体外。它可帮助蛋白质的代谢和血红蛋白的构成，促进生成更多的血红细胞来为身体运载氧气，从而减轻宝宝的心脏负荷，有助于提高宝宝的免疫力。其还能维持婴幼儿体内各元素的平衡，以调节体液，并维持婴幼儿神经和肌肉骨骼系统的正常功能。富含维生素B_6的食物有土豆、大豆、豆浆、豆腐、香蕉、鸡蛋、牛奶、牛肉和猪肉等。

YES 试着喂点软米饭给宝宝

从宝宝10个月开始，妈妈们就要注意培养宝宝自己动手吃饭的能力，从而培养宝宝良好的饮食习惯。要控制宝宝的进餐时间，以20~30分钟为限，在此期间要注意宝宝的营养均衡，更要做到均衡膳食。

10个月的宝宝处于生长高峰期，因此需要注意给宝宝补充丰富的营养。这个时候的宝宝在饮食上已经有了一定的喜好，因此不要强迫宝宝吃不喜欢吃的食物，同时也要避免宝宝形成偏食的习惯。此时的宝宝已有了一定的消化能力，可以吃点烂饭之类的食物，辅食的量也应比上个月略有增加。如果以往辅食一直以粥为主，而且宝宝能吃完一小碗，此时可加一顿米饭试试。开始时可在吃粥前喂宝宝2～3匙软米饭，让宝宝逐渐适应。如果宝宝爱吃，而且消化良好，可逐渐增加。

这个月龄段的宝宝不宜多吃蛋清

宝宝的成长需要大量的蛋白质，应该给宝宝吃含高蛋白的食物。有的父母认为，蛋清含蛋白很多，应该给宝宝多喂鸡蛋。这种想当然的做法是错误的，原因有两个：

易使宝宝消化不良。宝宝胃肠道消化功能尚未成熟，各种消化酶分泌较少，鸡蛋吃多了，会增加宝宝胃肠负担，甚至导致消化不良引起腹泻。

会引起宝宝过敏。宝宝的消化系统尚不完善，肠壁的通透性较高，鸡蛋蛋清中的白蛋白分子较小，有时可以通过肠壁直接进入宝宝的血液，可能使宝宝机体对白蛋白分子产生过敏现象，引起湿疹、荨麻疹，所以1岁前的宝宝最好少吃鸡蛋清。宝宝断奶后并不仅仅只是缺少蛋白质，母乳中含有多种对宝宝生长发育极其有益的营养成分，所以还要补充其他营养成分。

这个时间段辅食添加禁忌

因为宝宝的消化系统还很娇弱，所以刺激性太强的食物不能添加，否则容易损害宝宝的口腔、食道和胃黏膜；高糖高脂、甜腻类食物不能添加，否则易导致宝宝肥胖、不消化；硬的小粒食品和带壳的食物不能添加，因为宝宝的咽喉还很小，容易卡在宝宝的喉头或误入气管，造成意外。

怎样增进宝宝的食欲

·给宝宝准备专用餐具

给宝宝准备一套他专用的碗盘和汤匙，可以选择有可爱造型的，这会让宝宝吃得更好，更有参与感。

·减少外界的刺激

吃饭的时候不要开电视，避免声音太嘈杂，让宝宝分心。尽量让家里保持安静，这样宝宝吃饭会专心一点。

·选择颜色鲜艳的蔬果

父母可以在辅食中添加颜色鲜艳的水果做成的水果泥，吸引宝宝的注意力，让宝宝开胃。

·给宝宝洗个澡

宝宝玩耍一天后，妈妈可以给宝宝洗个澡，这样也会增加宝宝的食欲。因为宝宝玩耍、消耗热量后，情绪仍处在兴奋状态，洗澡可以舒缓宝宝的情绪，宝宝自然就会胃口大开。

教宝宝使用勺子

教宝宝学会自己使用勺子是吃饭的关键一步，大人要做好示范，在宝宝面前用夸张的动作和表情演示如何用勺子舀取食物往口中送，然后，慢慢咀嚼食物。这个过程刚开始的时候一定要放慢动作，甚至可以像放电影一样多放几次，直到宝宝自己开始尝试为止。

11个月：尊重宝宝的饮食模式

宝宝辅食添加之YES or NO

YES 重视宝宝的大脑发育

1岁之前是宝宝脑部发育的高峰期。健脑的食物要适量、全面，不能偏重于某一种或者只让宝宝吃健脑食物，其他食物一概不吃，这样就保证不了宝宝所需的各种营养，容易让宝宝营养不良。下面是一些适合宝宝食用的健脑食物，供大家参考。

动物内脏，如肝、肾等既能补血，又能健脑。

豆类，如黄豆、豌豆、花生豆以及豆制品。

杂粮，如糯米、玉米、小米，粗细粮搭配，更有利于脑部发育。

鱼肉、瘦肉、蛋黄等，富含蛋白质，是大脑发育的“必需品”。

YES 注意辅食的“色香味”

宝宝虽然小，但他也会享受食物的色香味，给宝宝做的食物不能只注重营养价值而忽略了宝宝的口味。人的舌头上有味蕾，味蕾可分辨出食物的酸、甜、苦、辣等味道，宝宝的味蕾较成人更敏感一些。同样是豆腐，放在香浓的鸡汤里煮和放在开水中煮，出来后的味道显然是不同的。

因此，爸爸妈妈在给宝宝准备食物的时候要注意色香味俱全，以便调动宝宝的食欲。注意食物的色、香、味，并不是指要往食物中添加调味品，宝宝吃的食物最好是原汁原味，新鲜的食物本身就有它的香味和鲜味。辅食的造型也需要妈妈花费一点心思，利用天然食物的各种颜色，进行色彩搭配，给宝宝以直接和强烈的视觉冲击。这样，宝宝对辅食会更有兴趣。

11个月的宝宝要满足碘的需求

碘是人体生长发育不可缺少的一种微量元素，是人体内甲状腺激素的主要组成元素。甲状腺激素可以促进身体的生长发育，影响大脑皮质和交感神经的兴奋。因此，碘缺乏可影响宝宝大脑发育，继而出现智力和体格发育障碍。人类大脑的发育90%是在婴幼儿期完成，这个时期碘和甲状腺激素对脑细胞的发育和增生起着决定性的作用。

父母们如果发现宝宝出生后哭声无力、声音嘶哑、腹胀、不愿吃奶或

吃奶时吸吮没劲、经常便秘、皮肤发凉、水肿以及皮肤长时间发黄不退等，或当宝宝醒来时手脚很少有动作或动作甚为缓慢，甚至过了几个月也不会抬头、翻身、爬坐等，这个时候则应高度重视，宝宝是否有甲状腺功能低下的可能，应该及早到医院检查确诊。

怎么才能给宝宝补充碘元素呢？母乳喂养的宝宝，尿液碘水平会高出其他方式喂养的宝宝1倍以上。因此母乳喂养是补碘的良好途径。海产品如海带、紫菜、海鱼等的含碘量最高，父母可以用不同的烹饪方式，每周给宝宝安排吃1～2次海产品。同时为宝宝选购含碘的婴幼儿配方食品，以免宝宝体内碘量不足。

YES 正确认识加工食品

宝宝不是绝对不能吃加工食品，宝宝的第一口辅食——婴儿米粉，就是加工食品，宝宝磨牙期给予的专门的磨牙饼干，大多数也是加工食品。

但很多食品妈妈也可以自己在家给宝宝做，这样可以尽量不放不利于健康的添加剂。需要注意的是，不能给宝宝吃那些过度加工的食品，食品配料表中添加的成分越多越不好，膨化食品、油炸食品、添加过多糖盐的食品更应杜绝。

不用过度关注宝宝吃饭

孩子是天生的表演家。有时候，手指灵巧的宝宝会变得很不耐烦，抓起一手的食物往嘴里送，结果弄得到处都是。他会不断地捣乱，直到他的把戏引起大人们注意，刺激大人们有所反应会让宝宝对自己的能力很有信心，以此得到更多的关注。

不过，大人反应太快只会助长宝宝的表演欲望。不管是笑还是责备，在他看来都是观众们有了反应，于是他继续表演。不要过度关注是最好的办法。如果他的恶作剧失去控制，就权当他已经饱了，撤掉食物。不过要记得他表现好的时候给予适当的表扬。

现在的一些家长尤其是爷爷奶奶辈的老人总是对孩子过度溺爱，到处追着孩子喂他吃饭，这种行为并不是爱孩子，而是在害孩子。喂饭容易对宝宝造成多种危害，比如让孩子失去探索世界、自我成长的主动性；让小孩对他人过度依赖，责任心缺失；让他从小养成边玩边吃，长大后做事专注力不够的坏习惯；失去身体发育锻炼的机会；自理能力落后于其他小朋友，上学后生活能力差，自信心反而容易受挫。

理解宝宝自己的饮食模式

宝宝只有一个小肚子

要少吃多餐，由于宝宝的胃只有拳头那么大，因此，一顿饭很少超过2～4勺。不要一开始就在盘子里堆许多吃的，应该先盛上一小份，宝宝还想吃的话继续加。

用手拿起食物吃

宝宝手部灵活以后，能用手拿起来吃的食物对他而言就变得更具吸引力。为了鼓励宝宝用手把食物拿起来吃，而不是弄得一团糟，可以在他面前盘子里放些小块的稍硬食物，例如磨牙饼干。正在长牙的宝宝也喜欢稍硬一些的食物，这些硬度稍大的食物，特别是磨牙食物，要咀嚼几下后才容易软化。

吃饭习惯还不稳定

可能会有一段日子，宝宝一天要吃6次固体食物，接下来3天却拒绝吃固体食物，而只想吃母乳或配方奶粉。

不要强迫

强扭的瓜不甜。不要强迫宝宝吃饭，强迫只会让宝宝对吃饭产生逆反心理。妈妈的角色是挑选有营养的食物，准备好，创造性地介绍给他。食物的挑选、制作要与宝宝个人的能力和喜好相匹配。

指和戳

除了用拇指和食指捡东西之外，11个月大的宝宝还能用食指戳东西、指东西，向爸爸妈妈发出讯号。宝宝喜欢用手指戳新出现的食物，好像想尝一点试试看。家长可以利用他的这项技能，递给他既美味又营养的食物。

11个月的宝宝饮食上火的症状与应对方法

宝宝辅食增加的这段时间里，很容易出现不适应的情况，继而出现上火的症状。

皮肤干燥

由于宝宝肌肤稚嫩，若让宝宝长期处在湿度过低的环境中，皮肤很容易变干涩，发生皲裂，宝宝的毛发也会变得干枯或脱落。此时要多给宝宝进食水分含量较大的食物，如西瓜、黄瓜等，补充充足的水分。也可在房间里摆放一个加湿器，或者通过放一盆清水、晾湿毛巾来增加空气湿度。

口舌生疮，口唇赤红

宝宝上火后大都会出现口角糜烂、干裂、嘴唇起疱疹、口腔黏膜及舌头溃疡等症状。这个时候要多给宝宝进食富含B族维生素的食物，如动物肝脏、豆制品、胡萝卜等。另外不能让宝宝养成舔嘴唇的习惯，若宝宝唇部出现脱皮开裂，不要撕拉，可涂上宝宝专用润唇膏，或用维生素B_2碾碎涂敷于相应部位。

眼屎增多

宝宝眼内分泌物增多，早晨起床时可见眼角有眼屎，过多时会粘住眼睑。此时可适当增加西瓜、梨、葡萄柚、柚子等寒凉性水果及苹果、葡萄、草莓等平性水果，减少桂圆、荔枝等热性水果的摄入。

腹泻

宝宝的消化系统较弱，一旦上火就易发生肚子胀满不适、腹痛、腹泻、肛门发红等症状。这时要注意补充水分。

大便干结、小便黄

有的宝宝上火后会引起便秘，排便时因肛门受干结粪便刺激出现疼痛而哭闹，此时父母要多给宝宝喝水，多吃蔬菜、粗粮等含有大量纤维素的食物。

为什么添加辅食后宝宝反而瘦了

宝宝在添加辅食中有一个适应阶段

在开始添加辅食的阶段，食物的烹调要适应宝宝消化的特点，烂粥容易消化，然后才能吃软饭，过早摄入不易消化的食物，吸收少排出多，会造成宝宝营养不够而瘦下来。

宝宝奶量减少、辅食添加不当等

宝宝奶量减少、辅食添加不当等影响宝宝正常的食奶量，造成宝宝营养不足，或辅食添加不够，而且母乳喂养的宝宝对辅食的适应过程较慢，易造成宝宝发育所需营养不足，所以消瘦。

6个月以后的宝宝从母体带来的抗体逐渐消失

宝宝从母体带来的抗体逐渐消失后，宝宝的抵抗力会变差，易生病，影响生长发育和食欲，故宝宝会消瘦。

此时，父母不要慌张，只要宝宝精神状态良好，胃肠功能正常，没有腹胀、腹泻等情况出现，就可继续正常添加辅食，待宝宝适应一段时间后，体重自然会增长。

12个月：不要强制宝宝多吃饭

宝宝辅食添加之YES or NO

12个月宝宝补硒是关键

硒是人体免疫调节的营养素，同时可保证心肌能量供给，改善心肌代谢，保护心脏功能。若宝宝缺乏硒，轻者易生病、厌食；重者免疫力低下，影响宝宝发育。

硒对于视觉器官的功能极为重要。支配眼球活动的肌肉收缩，瞳孔的扩大和缩小，都需要硒的参与。硒能增强宝宝的智力和记忆力，促进大脑发育。

硒存在于很多食物中，含硒量较高的有鱼类、虾类等水产品，其次为动物的心、肾、肝；蔬菜中含硒量最高的为大蒜、蘑菇、芦笋，其次为豌豆、大白菜、南瓜、萝卜、西红柿等。一般而言，动物性食物中的硒含量要高于植物性食物，尤其以海产品、动物内脏为甚，是补硒很好的食物来源；但是，人对植物中有机硒的利用率较高，可以达到70%~90%，而对动物制品中硒的利用率较低，只有50%左右。所以建议多给宝宝吃含硒量高的蔬菜。

白开水是宝宝最好的饮料

为什么说白开水是宝宝最好的饮料呢？这是因为生水烧开后，水的密度和表面张力增大，活性增加，温开水很容易透过细胞膜，使细胞得到滋润。

而且白开水不含糖，不含甜味剂、色素、香精之类对人体有害的添加剂，这样就不会因为饮用过多而伤肝、伤肾、变胖。

YES

营造愉快的进餐氛围

随着宝宝月龄的增加，宝宝辅食的量和奶量都会有所增加，吃到的辅食种类也会更多，有的宝宝会因此变得挑食或者不爱喝奶。这个时候，妈妈需要有耐心，千万不要强迫宝宝吃东西，即使宝宝进食的量会有所波动，只要宝宝各方面发育都正常，就说明喂养得比较好。让宝宝在愉快的氛围中吃东西，宝宝才会吃得更好。

这些饮料不适合给宝宝喝

不给宝宝喝带甜味的饮料。如果给宝宝喝带甜味的饮料，长此以往宝宝就会不愿意吃奶了，这无疑对宝宝的生长发育是不利的。

不给宝宝喝人工配制的饮料。这些饮料都含有人工添加剂，容易刺激宝宝的肠道，轻则影响消化，重则引起宝宝胃肠痉挛。

不给宝宝喝长期放置的白开水。水在空气中暴露的时间越长，溶于水的气体可能就会越多，水被细菌污染的可能性也就越大。水烧开后冷却4～6小时的凉开水，是最理想的饮用水。

不给宝宝喝反复烧开的水。水在多次沸腾的情况下，所含的营养物质会流失更多，水中的重金属会浓缩，对宝宝的健康不利。

不要太担心宝宝吃饭

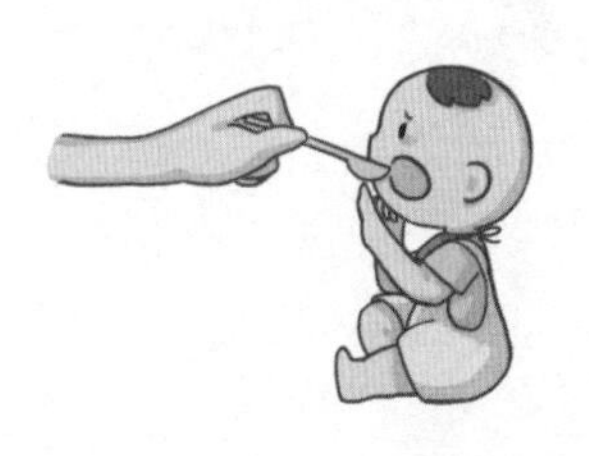

许多父母可能会担心宝宝不好好吃饭长不好，从而强制宝宝多吃一点。如果强迫宝宝吃家长认定的辅食量或者奶量，有可能会使宝宝积食，甚至腹泻。其实，父母不必对宝宝不好好吃饭感到忧虑，因为宝宝有一种本能，他们的进食量恰恰与其需要量相等。宝宝的饮食情况是多变的。同一种食物，他们可能今天认为好吃，吃起来狼吞虎咽，明天又因觉得不好吃而拒食，后天也许又喜欢吃了。但是，这种进食的不规律性，不会对每天消耗的热量产生影响。宝宝有时也会因为心情、环境因素的变化而导致吃饭时多时少。所以，关于这一点父母不用太担心，不用刻意非得一餐固定喂多少量才满意。只要宝宝的生长曲线在合理范围内，精神状态很好，也没有肚子胀、便秘、拉肚子等不良症状，就不必强迫他多吃东西。

预防宝宝过敏，妈妈需要做什么

宝宝在这个时期，身体各个器官都较敏感，对于外界的变化，易出现过激的反应，即出现过敏。引起宝宝过敏的原因很多，家中常使用消毒水、空气清新剂会增加宝宝过敏性疾病的发生。春季气候变化较明显，过敏、感冒、咽喉痛、流鼻涕、手口足病、肠中毒等情况时有发生，各种花粉形成的飘浮物、空气中的粉尘都是潜在的过敏源。

对于易过敏的宝宝，首先要鼓励妈妈延长母乳喂养的时间；在宝宝过敏期间，妈妈尽量少食或不食易过敏的食物。采取混合喂养或人工喂养的宝宝可选择低敏配方奶粉，降低致敏性，尤其是父母是过敏体质生的宝宝，出生以后可选择这种奶粉。

另外，床单、毛巾要勤洗勤换，这些家纺中的螨虫也是导致宝宝过敏的重要原因之一。

如何喂养过敏体质的宝宝

有些宝宝在添加辅食过程中，经常有过敏现象，例如，脸上、前胸、后背出现红斑，有的还会腹泻。如果宝宝是过敏体质，该怎么喂养呢？妈妈们应该知道，以下食物容易引起宝宝过敏：

▲葱、蒜、韭菜、香菜、洋葱、羊肉等有特殊气味的食物。

▲辣椒、胡椒、芥末、姜等有特殊刺激性的调料。

▲番茄、生花生、生核桃、桃、柿子等可以生吃的东西。

▲海鱼、海虾、海蟹、海贝、海带等海产品。

▲豆类、花生、芝麻等种子类食物。

▲死鱼、死虾、不新鲜的肉。

▲蘑菇、米醋等易含霉菌的食物。

▲鸡蛋等富含蛋白质的食物。

喂养过敏体质的宝宝，一定要注意宝宝的饮食。在添加辅食的过程中，应仔细观察宝宝对何种食物过敏，确定后应暂时避免吃引起宝宝过敏的食物。尽量找到导致宝宝过敏的食物的代替物。如对海鲜过敏的宝宝，可以从其他肉类中找到适当的蛋白质，保证宝宝营养均衡。

Part 4

这些食物里藏着妈妈对你的爱

鳕鱼海苔粥

材料：

水发大米100克

海苔10克

鳕鱼50克

做法：

1. 洗净的鳕鱼切碎。
2. 海苔切碎。
3. 取出榨汁机，将泡好的大米放入干磨杯中。
4. 干磨杯安上盖子，再将其扣在机器上磨约 1 分钟至大米粉碎。
5. 取出榨汁机，将米碎倒入盘中待用。
6. 砂锅置火上，倒入米碎，注入适量清水，搅匀。
7. 倒入切碎的鳕鱼，搅匀。
8. 加盖，大火煮开后转小火煮 30 分钟至食材熟软。
9. 揭盖，放入切好的海苔，搅匀。
10. 关火后盛出煮好的米糊，装碗即可。

海苔含有丰富的氨基酸，可以很好地增强人体免疫力，非常适合宝宝食用。

喂养小贴士

烹制此汤时可加入少许奶酪，营养会更丰富哦。

南瓜牛肉汤

材料:

南瓜100克，牛肉30克

做法:

1. 南瓜去皮洗净，切成丁。
2. 牛肉洗净，切成粒，汆水后捞出。
3. 锅中注入适量清水烧沸，倒入牛肉丁。
4. 煮沸后，转小火煲 2 小时。
5. 放入南瓜丁，煮熟即可。

喂养小贴士

银鱼营养丰富，具有高蛋白、低脂肪之特点，利于宝宝增强免疫功能。

银鱼蒸鸡蛋

材料:

银鱼10克，鸡蛋1个

做法:

1. 银鱼洗净，用温水泡发。
2. 鸡蛋磕入碗中，打散。
3. 将银鱼倒入鸡蛋液中，搅匀。
4. 注入等量温开水，搅拌均匀。
5. 放入蒸锅中蒸熟即可。

高粱米粥

材料：

高粱米30克，红枣10颗，牛奶适量

做法：

1. 高粱米洗净，放入锅中炒黄。
2. 红枣洗净去核，放入锅中炒焦。
3. 将炒好的高粱米、红枣一起研成细末。
4. 每次取半勺，加入牛奶同煮。
5. 每日进食 2 次即可。

喂养小贴士

红枣有很好的补血功效，非常适合宝宝食用，可以很好地补充元气。

青菜碎面

材料：

青菜20克，儿童面50克

做法：

1. 青菜洗净，切成小段。
2. 锅中注入适量清水烧沸，下入儿童面。
3. 小火煮至面条半熟，下入青菜。
4. 续煮至面条熟烂、青菜熟透。
5. 关火盛出即可。

喂养小贴士

这个年龄段的宝宝不能只吃粳米，食物要多变换，碎面就是很好的选择。

番茄烂面条

材料：

番茄50克，儿童面50克

做法：

1. 番茄洗净，用热水烫一下。
2. 剥去番茄皮，将番茄捣成泥。
3. 锅中注入适量清水烧沸，放入碎面条。
4. 大火煮沸后放入番茄泥。
5. 煮至面条熟软，关火盛出即可。

肉末海带碎

材料：

肉末20克，海带20克

做法：

1. 海带洗净，切成小碎丁。
2. 锅中注入适量清水烧沸，倒入肉末、海带碎丁。
3. 大火煮沸后转小火，煨至海带熟软。
4. 关火盛出即可。

苹果片

材料：

苹果1个

做法：

1. 将苹果洗净削皮。
2. 用刀将苹果切成薄片。
3. 锅内倒入适量清水烧开。
4. 将苹果放入碗中隔水蒸熟。
5. 关火取出即可。

喂养小贴士

切开的苹果可以放入盐水中浸泡，能更好地避免氧化。

豆腐鲫鱼汤

材料：

鲫鱼200克，豆腐100克

做法：

1. 备好的豆腐切成小块；鲫鱼处理干净，去皮，去骨刺，切小块。
2. 锅中注入适量清水烧沸，倒入豆腐块稍煮片刻。
3. 倒入鲫鱼，大火煮沸后转小火煮熟。
4. 关火盛出即可。

喂养小贴士

鲫鱼含有丰富的蛋白质，对小儿的发育非常好，所以小孩子可多喝鲫鱼汤。

100%
sweet

奶酪蘑菇粥

材料：

肉末35克

口蘑45克

菠菜50克

奶酪40克

胡萝卜40克

水发大米90克

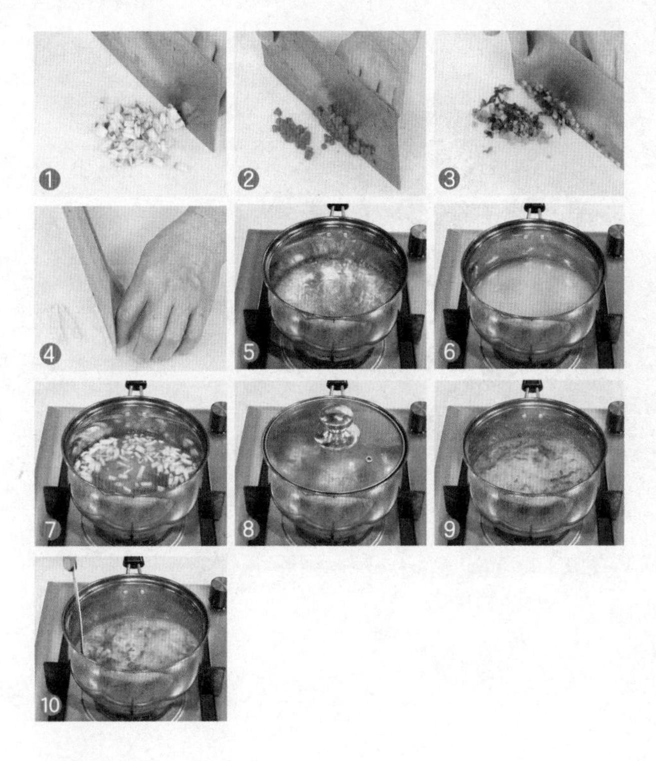

做法：

1. 将洗净的口蘑切成片，再切成丁。
2. 洗好的胡萝卜切成片，再切成粒。
3. 将洗净的菠菜切成粒。
4. 奶酪切片，再切成条。
5. 汤锅中注入适量清水，用大火烧开。
6. 倒入水发好的大米，拌匀。
7. 放入切好的胡萝卜、口蘑，搅拌匀。
8. 加盖，烧开后转小火煮 30 分钟至大米熟烂。
9. 揭盖，倒入肉末，再下入菠菜，拌匀，煮至沸腾。
10. 把煮好的粥盛入碗中，放上奶酪即可。

要等粥较凉后再放入奶酪，以免破坏营养。

喂养小贴士

红小豆先浸泡片刻，能更好地烹制熟软。

大米红豆软饭

材料：

红小豆10克，大米30克

做法：

1. 红小豆洗净，放入清水中浸泡 1 小时；大米洗净备用。
2. 将红小豆和大米一起放入电饭锅内，加入适量水，大火煮沸。
3. 转中火熬至米汤收尽、红小豆酥软时即可。

喂养小贴士

鸡蛋不要切得太小，不利于宝宝练习咀嚼。

鸡汁蛋末

材料：

熟鸡蛋1/2个，鸡汤适量

做法：

1. 将熟鸡蛋切碎。
2. 锅中注入适量鸡汤烧沸。
3. 倒入鸡蛋碎，一边加热一边搅拌。
4. 关火盛出即可。

奶香杏仁茶

材料：

杏仁20克，牛奶200毫升，白糖少量

做法：

1. 洗净的杏仁倒入榨汁机，注入适量清水，盖上盖。
2. 选择“榨汁”功能，打成杏仁汁。
3. 锅中倒入牛奶，煮开后倒入杏仁汁。
4. 盖上盖子，调至大火煮2分钟至沸腾。
5. 揭开盖子，加入适量白糖，搅拌均匀，煮至白糖溶化。

喂养小贴士

杏仁含有丰富的单不饱和脂肪酸，有益于心脏健康。

山药菠菜汤

材料：

山药20克，菠菜100克

做法：

1. 用刮刀刮去山药表皮，洗净，切薄片。
2. 菠菜择好，去掉老叶，洗净，切段。
3. 汤锅置于大火上，加入适量清水烧开，放入山药片，煮20分钟左右。
4. 放入菠菜段，煮熟。
5. 关火盛出即可。

喂养小贴士

处理山药时可适当放点白醋，以免山药变色。

喂养小贴士

还可以加入少许牛奶，味道会更好。

土豆豌豆泥

材料：

豌豆40克，土豆130克

做法：

1. 土豆洗净去皮切片，豌豆洗净，一同放入蒸锅中蒸熟。
2. 取一个大碗，倒入蒸好的土豆，压成泥状。
3. 放入豌豆，捣成泥状，将土豆和豌豆混合均匀。
4. 另取一个小碗，盛入拌好的土豆豌豆泥即可。

喂养小贴士

虾肉蛋白质丰富，还含有甲壳素，是增强宝宝免疫力的好食材。

虾丸青菜汤

材料：

虾仁100克，青菜20克

做法：

1. 将虾仁洗净，去除虾线，剁成泥。
2. 把青菜去除老叶，洗净后切成小段。
3. 锅中注入适量清水烧沸，把虾仁泥挤成丸子下入锅中。
4. 稍煮片刻，倒入青菜，搅拌片刻至熟。
5. 关火盛出即可。

海带豆腐香菇粥

材料：

海带30克，鲜香菇40克，豆腐90克，水发大米170克

做法：

1. 将海带洗净，切成块；香菇洗净去蒂，切成块；豆腐洗净，切成块。
2. 锅中注入适量清水烧沸，倒入洗净的大米。
3. 加盖，大火煮沸后转小火煮 30 分钟。
4. 倒入海带、香菇，拌匀，煮10分钟左右。
5. 倒入豆腐，轻轻搅拌，稍煮片刻，盛出即可。

玉米鸡粒粥

材料：

玉米粒30克，鸡胸肉20克，大米50克

做法：

1. 玉米粒洗净，鸡胸肉洗净，切成小粒。
2. 锅中注入适量清水烧沸，倒入洗净的大米。
3. 加盖，大火煮沸后转小火煮 30 分钟左右。
4. 下入玉米粒、鸡肉粒，搅拌均匀，小火续煮 10 分钟左右。
5. 关火盛出即可。

鸡

牛奶薄饼

材料：

鸡蛋2个

配方奶粉10克

低筋面粉75克

调料：

食用油适量

做法：

1. 将鸡蛋打开，取蛋清装入碗中。
2. 用打蛋器快速拌匀，搅散，至蛋清变成白色。
3. 碗中再放入配方奶粉，搅拌均匀。
4. 撒上备好的低筋面粉，顺着一个方向搅拌片刻。
5. 注入少许食用油，搅匀，至材料成米黄色，制成牛奶面糊，待用。
6. 煎锅中注入适量食用油，烧至三成热。
7. 倒入备好的牛奶面糊，摊开，铺匀。
8. 用小火煎成饼形，至散发出焦香味。
9. 翻转面饼，再煎片刻，至两面熟透。
10. 关火，盛入盘中即可。

调制面糊时不宜太稀，以免煎制的成品太软，不好翻面。

花生豆浆

喂养小贴士

花生米的红衣营养价值很高，使用的时候可以不用去除。

材料：

水发黄豆100克，水发花生米80克

做法：

1. 豆浆机内倒入提前浸泡好的花生米和黄豆。
2. 注入适量清水，至水位线即可。
3. 盖上豆浆机机头，选择“五谷”程序，再选择“开始”键，待其自动完成。
4. 断电后取下机头，倒出煮好的豆浆，装入碗中即成。

芝士焗红薯

喂养小贴士

红薯宜熟透再食用，因为红薯中的淀粉颗粒若不经高温破坏，难以消化。

材料：

红薯150克，芝士片1片，黄油20克，牛奶50毫升

做法：

1. 洗净的红薯切成片，放入蒸锅中蒸熟。
2. 红薯装入保鲜袋中，压成泥，加黄油、牛奶，拌匀，再装入碗中，铺上芝士片。
3. 将碗放入备好的烤箱中。
4. 关上烤箱门，温度调为 160℃，选择上下火加热，烤 10 分钟。
5. 打开门，将红薯泥取出即可。

鸭蛋稀粥

材料：

熟鸭蛋50克，大米40克

做法：

1. 鸭蛋去壳，切成小块，待用。
2. 洗净的大米倒入锅中，注入适量的清水，搅拌均匀。
3. 盖上锅盖，大火煮开后转小火煮 40 分钟。
4. 揭盖，倒入鸭蛋，搅拌均匀，略煮片刻即可。

喂养小贴士

鸭蛋含有蛋白质、脂肪、钙、磷、钾等成分，有清热、增强免疫力等功效。

橙香土豆泥

材料：

橙子50克，土豆200克

做法：

1. 土豆去皮、洗净，切成薄片。
2. 锅置火上，注入适量清水，加土豆煮至熟软，捞出沥干。
3. 橙子肉放入保鲜袋，压成香橙酱。土豆压成泥。
4. 取大碗，放入土豆泥、一半香橙酱，搅拌均匀。
5. 淋入剩余香橙酱即可。

喂养小贴士

土豆片可以切得薄一点，这样更容易蒸熟。

喂养小贴士

蒸好鱼肉以后，需要将草鱼肉的刺剔除掉，再用勺子压成泥。

芝麻香鱼糊

材料：

草鱼肉60克，黑芝麻、高汤各适量

做法：

1. 黑芝麻倒入煎锅，干炒出香味，备用。
2. 蒸锅注水烧开，放入鱼肉，将其蒸熟。
3. 鱼肉放入碗中，用勺子将鱼肉压成泥。
4. 锅中倒入高汤煮开，倒入鱼肉泥。
5. 充分搅拌匀，倒入黑芝麻，拌匀即可。

喂养小贴士

虾皮有些淡淡的腥味，可以先用温水泡一下再制作，口感会更好。

虾皮紫菜豆浆

材料：

水发黄豆40克，紫菜、虾皮各少许

做法：

1. 黄豆倒入碗中，注入清水清洗干净。
2. 将虾皮、黄豆、紫菜倒入豆浆机中。
3. 注入适量清水，至水位线即可，选择“五谷”程序，再选择“开始”键，打制豆浆。
4. 把煮好的豆浆倒入滤网，滤取豆浆。
5. 将滤好的豆浆倒入碗中即可。

西洋菜奶油浓汤

材料：

西洋菜50克，奶油20克

做法：

1. 将西洋菜择洗干净，切成小段。
2. 锅中注入适量清水烧沸。
3. 倒入奶油化开。
4. 倒入西洋菜，搅拌均匀，煮熟。
5. 关火盛出即可。

喂养小贴士

西洋菜含有大量的维生素，而且浓汤制作简单，适合宝宝在家常吃。

哈密瓜牛奶

材料：

哈密瓜200克，牛奶150毫升

做法：

1. 将洗净去皮的哈密瓜切厚片，再切条，改切成小粒。
2. 将备好的牛奶倒入砂锅中，用小火加热，煮至牛奶沸腾。
3. 将切好的哈密瓜倒入煮开的牛奶当中，略煮一会儿。
4. 边煮边搅拌，使其更入味。
5. 将煮好的哈密瓜牛奶盛出，装入备好的杯中，即可食用。

喂养小贴士

哈密瓜可补充婴儿生长发育所需的B族维生素和维生素C，适合婴儿食用。

西芹芦笋豆浆

材料：

芦笋25克

西芹30克

水发黄豆45克

做法：

1. 洗净的芦笋切小段，备用。

2. 洗净的西芹切小段，备用。

3. 水发的黄豆洗干净。

4. 取豆浆机，放入洗净的黄豆、芦笋、西芹，注入适量清水。

5. 盖上机头，选择“五谷”程序，再选择“开始”键，开始打浆。

6. 待豆浆机自动停止运转，即成豆浆。

7. 将豆浆机断电，取下机头，把煮好的豆浆倒入滤网，滤取豆浆。

8. 将滤好的豆浆倒入杯中，撇去浮沫，待稍微放凉后即可饮用。

西芹含有蛋白质、膳食纤维及多种维生素、矿物质，而芦笋的氨基酸比例符合人体的需要，给婴幼儿食用本品，可使其营养摄入更丰富全面。

核桃芝麻糊

喂养小贴士

黑芝麻、核桃有助于健脑益智，对宝宝的智力开发有好处。

材料：

黑芝麻30克，糯米粉30克，核桃30克

做法：

1. 黑芝麻洗净，沥干水分，放入锅中，用小火炒熟炒香。
2. 放入食品料理机中打成粉末状，备用。
3. 核桃仁放入烤箱以150℃烤10分钟，冷却后放入搅拌机内打成粉末状。
4. 糯米粉放入锅中，用小火炒熟至颜色变黄，备用。
5. 将黑芝麻、核桃仁、糯米粉倒在碗中，冲入开水拌匀即可。

鱼松芝麻拌饭

喂养小贴士

鱼松含有人体所需的多种必需氨基酸，对婴幼儿的营养摄取很有帮助。

材料：

黑芝麻5克，米饭40克，鱼松20克，寿司醋少许

做法：

1. 黑芝麻倒入煎锅中，干炒出香味。
2. 米饭倒入大碗中，加入鱼松、黑芝麻。
3. 充分搅拌均匀，淋入少许寿司醋。
4. 搅拌均匀，倒入碗中即可。

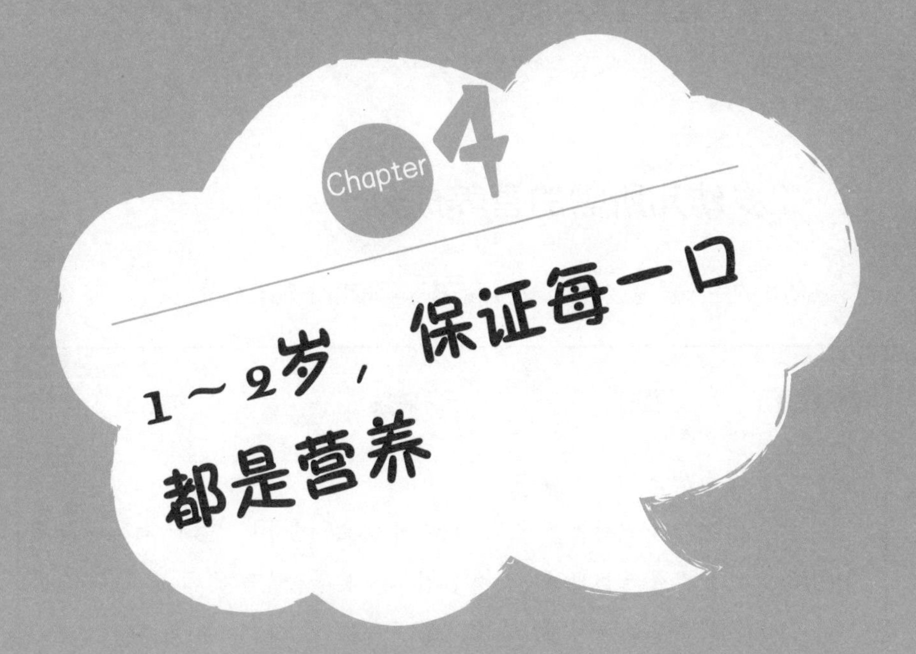

Chapter 4 1～2岁，保证每一口都是营养

宝宝的饮食又要发生变化啦

1～2岁幼儿所需的营养成分

在幼儿的生长发育过程中，应保证孩子摄取以下营养成分：

营养成分	说明	来源	备注
蛋白质	蛋白质是构成人体细胞和组织的基本成分，是人体所需的最主要的营养素之一	鱼、肉、豆制品、蛋类和各种禾谷类等含有丰富的蛋白质	1～2岁的幼儿一般每日蛋白质需要量为35～40克
脂肪	脂肪可给人体提供热量，保证人体活动，调节体温	肉、鱼、乳类、蛋黄中都含有丰富的脂肪	脂肪要选好，宝宝年龄段不同，对脂肪的吸收能力也不同
水	水也是人体最主要的成分之一。没有足够的水分，人体就不能正常进行新陈代谢和体温调节	白开水比较适合幼儿	幼儿每日所需的水量与体重成正比，即1日需水量为：体重（千克）×（125～150）毫升

续表

营养成分	说明	来源	备注
糖类	糖类主要是提供人体所需的热能	糖类在幼儿的主食中（禾谷类）可以得到，同时豆类、蔬菜、水果等也富含糖类	幼儿每天需糖类140～170克
矿物质	人体所需的矿物质主要有钙、碘、铁、锌等	钙主要从乳类、蛋类、蔬菜等中摄取；铁主要存在于瘦肉、动物肝脏、蛋黄、绿色蔬菜中；碘可从盐、海产类食品中得到	幼儿每天大约需要500毫克钙；幼儿每天所需铁量为8～10毫克；幼儿每日所需的碘量不多，约为0.7毫克

以上是1～2岁宝宝所需的营养素，但无论哪一种营养素都不能过多或者过少，否则都会造成营养不良。只有各种营养摄取均衡，才有利于宝宝的身体发育。

1～2岁宝宝饮食要点

1～2岁宝宝主食已发生改变

1~2岁的宝宝牙齿陆续长出，摄入的食物逐渐从以奶类为主转向以混合食物为主，而此时宝宝的消化系统尚未发育成熟，还不能完全吃大人的食物，所以要根据宝宝的生理特点和营养需求，为宝宝制作可口的食物，保证宝宝获得均衡营养。但是宝宝的胃容量有限，进食宜少吃多餐。

1岁半前除给宝宝吃三餐以外，在下午和夜间加两次零食；1岁半后减为三餐一点。但点心要适量，时间不能离正餐太近，以免影响吃正餐的食欲。要多吃水果、蔬菜，摄入动植物蛋白，适当补充牛奶，粗粮、细粮都要吃，避免维生素B_1缺乏症。

1～2岁宝宝要适当补铜，促进智力发展

铜是人体健康不可缺少的微量营养元素，对于血液、中枢神经和免疫系统、头发、皮肤和骨骼组织以及脑和肝、心等脏器的发育和功能有重要影响。婴幼儿容易引起缺铜性贫血。婴儿最初几个月不会发生缺铜的现象，体内代谢所需的铜基本上是胎儿期肝脏中贮藏的铜，随着婴儿的成长，母乳中含铜量变少。因此，给婴儿补充铁质时，也要适当补充铜。铜的一般来源有香蕉、菜豆、牛肉、面包、干果、蛋、鱼、羊羔肉、花生酱、猪肉、白萝卜等。

1～2岁宝宝的饭菜可加微量的调味品

1～2岁宝宝的进食模式逐渐向大人的进食模式转变了，可以进食的食物种类、稠度等都要适当增加。在宝宝的饭菜中也可以加微量的盐和糖调味，但要注意不能和大人的口味完全一样。同时，宝宝的肠胃更娇弱一些，因此，夏天的时候不要给宝宝吃过于冰凉的食物，一些凉性的水果，尽量在室温下放置一段时间，再让宝宝适量进食。

1～2岁宝宝不宜摄入含糖分较高的食物

幼儿一般都喜欢糖分含量高的食物，比如果汁、甜点等。但幼儿若糖分摄入量过多的话，除了导致常见的肥胖问题之外，还容易导致牙齿和骨骼发育不良等。

宝宝摄入过多糖分，一方面容易满足食欲，刺激胃肠道发生腹泻、消化不良等，使宝宝不愿再进食其他食物，从而造成食欲缺乏，长此以往，导致营养不均衡，甚至出现营养缺乏症。另一方面，由于糖中碳水化合物含量较高，长期食用，可造成小儿体重增加，继而出现肥胖症。另外，甜食不但会让味觉变得迟钝，还会影响脑垂体分泌生长激素，影响孩子长高。而且，糖分在口腔中溶解后会腐蚀牙齿，使宝宝易患龋齿。

不适合1～2岁宝宝食用的食物

一般来说，生硬、带壳、粗糙、过于油腻及带刺激性的食物，幼儿都不适宜吃，有的食物需要加工后才能给宝宝食用。

刺激性食品如酒、咖啡、辣椒、胡椒等，应避免给宝宝食用。

鱼类、虾类、蟹、排骨肉都要认真检查，没有刺和骨渣的才可以给宝宝食用。

豆类不能直接食用，如花生仁、黄豆等。另外，杏仁、核桃仁等这一类的坚果应磨碎或研碎后再给宝宝食用。

含粗纤维的蔬菜，如竹笋、金针菜等，因两岁以下幼儿乳牙未长齐，咀嚼力差，不宜食用。

易产气胀肚的蔬菜，如生萝卜、豆类等，宜少食用。

鸡蛋通常是父母为宝宝首选的营养品，1～2岁的宝宝已经可以吃全鸡蛋了，但是3岁之前的宝宝肠胃消化功能还比较脆弱，过多摄入鸡蛋会增加胃肠道负担，严重时还会引起腹泻，因此，此时的宝宝以每天或隔天摄入一个全鸡蛋为宜。

给宝宝吃水果时要注意洗净、去皮，此外，水果含糖多，会影响宝宝喝奶及吃饭，所以喂水果的最好时机是在喂完奶或吃完饭之后1小时，冬季的时候最好给宝宝吃蒸过的水果。

和偏食宝宝做斗争

宝宝这么小，却也会偏食，对某种或某几种食物拒不接受。应该怎么对待偏食的宝宝呢?

不要对宝宝采取强制态度

有的宝宝在8个月时，就会对食物表示出喜厌，这就是最初的“偏食”现象。宝宝1岁以后表达能力更强一些，经常能清楚地表达出对某种食物的喜恶态度。不过，这种偏食并不是真的偏食。家长有时候会发现，宝宝在这个月不喜欢吃的东西，到了下个月又喜欢吃了。相反，最爱吃的食物也会在不知不觉中吃腻。因此，不要过早地下宝宝爱吃什么、不吃什么的结论。此时，家长不要较真，采取强硬的态度，否则这种态度会结合这种食物在宝宝的脑海中留下不良印象，使宝宝以后很难再接受这种食物，从而导致真正的偏食。

耐心地帮助宝宝适应

如果宝宝拒绝吃某种食物，家长不要气馁，隔一段时间再把同样的食物拿来给宝宝尝试。也可以把食物变换一下形状或烹饪方法，配上别的菜，使其口味有点改变，宝宝就有可能接受了。

不要娇纵宝宝

有的宝宝碰到喜欢吃的食物，就会无节制地吃。这时候，家长可不要一味地娇纵宝宝，因为某一种食物吃得过多，可能会使宝宝倒了胃口，以后再也不吃这种食物，这是偏食的另一种原因。

改正自己的不良饮食习惯

有的宝宝偏食是受家长的影响。如果家长本身就偏食，喜欢吃的菜就经常做，不喜欢吃的菜总也不做，时间久了，宝宝自然就跟着偏食了。家长做菜时，应选择尽量多的品种，以使宝宝获得均衡的营养。另外，家长不应在宝宝面前表现出对食物的喜或厌，那样会使宝宝先入为主，对某些食物没等进口就感到厌恶了。

尝试做一些带馅食物

把宝宝不爱吃的食物隐藏在馅料中是帮宝宝纠正偏食的好方法。一个个带馅的食物，在视觉上，不会让宝宝特意去注意他不爱吃的食物了，宝宝的抵触情绪可能就会消失，无形中会多吃些。除了在馅料上下功夫，外皮也可以混入不同颜色的菜汁、果汁，做成五颜六色的食物，提升宝宝食欲。

Part 3 有的宝宝要尝试断奶喽

母乳喂养到什么时候合适

随着宝宝不断发育长大，母乳的营养开始无法满足宝宝的需要，这个时候就要考虑为宝宝增加其他的食物来源，用其他乳制品或代乳品替代母乳。

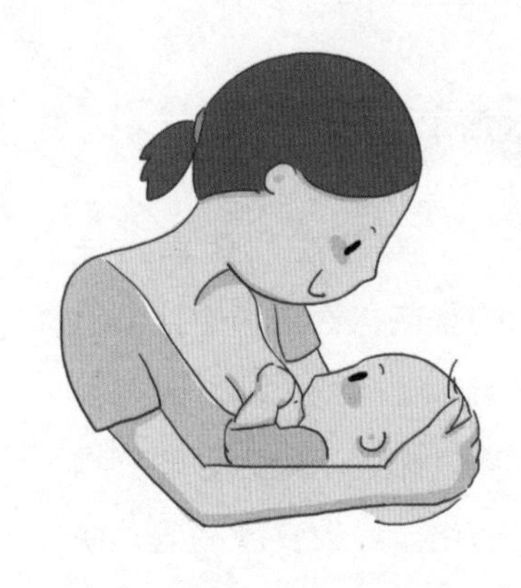

很多妈妈不知道自己该在什么时候给孩子断奶，于是参照其他妈妈的经验来操作，其实这样并不准确。虽然世界卫生组织呼吁全世界的妈妈都给宝宝哺乳到两周岁或以上，但是也提出了最重要的一点叫“自然离乳”，就是要根据妈妈奶水的储备情况和宝宝的依赖性来决定。

如果妈妈身体条件比较好，奶水充足，就尽量多给宝宝哺乳，宝宝多吃母乳对他的成长还是有很多好处的；反之，就要考虑断奶而哺给其他的乳制品。

新手爸妈应该怎样帮助宝宝断奶

给宝宝断奶切记要循序渐进。首先可以减少每天哺乳的次数，尝试用牛奶或其他乳制品逐渐替代母乳；其次可以断掉临睡前和夜间的奶，减少宝宝对母乳的依赖性；另外，不要主动哺乳，宝宝饿了主动寻找妈妈乳头的时候再哺乳。

在断奶过程中，爸爸也要发挥一定作用。由于宝宝对妈妈身上的奶味很敏感，适当地由爸爸来照顾宝宝，也是断奶成功的重要条件。

断奶应注意的问题

◎断奶应选择合适的季节，春末和初秋适合给宝宝断奶。夏季天气炎热，如果断奶会影响食物消化，导致食欲减退，使宝宝抵抗力减弱。冬季天气寒冷，宝宝抵抗力差，也不适合给宝宝断奶。

◎给宝宝断奶时最好不要和宝宝分开，否则易造成宝宝分离焦虑。

◎在决定给宝宝断奶时，要确定宝宝辅食已经能够吃得不错了。

◎白天必须让宝宝吃饱。刚开始断奶时，应在白天喂断奶食品，且要在喂奶粉或母乳之前。如果晚上喂断奶食品，因为要消化食物，婴儿就睡不好觉，导致父母也休息不好。

◎逐渐增加断奶食品的量。开始断奶1周后，在喂奶粉前，最好喂4小勺断奶食品，而在早上最好只喂断奶食品，早餐最好选择谷类、牛奶和蛋黄。从第二周开始，可以喂蔬菜和果汁，但是不能突然增加断奶食品的量，必须慢慢地增加。

◎大部分宝宝不喜欢在深夜或清晨吃断奶食品，但是此阶段宝宝每天都能吃三次断奶食品。夜间最好不要喂断奶食品。宝宝不吃饭就直接睡觉的情况下，只要能安稳地睡觉，就不用叫醒他吃断奶食品。另外，如果宝宝早上睡懒觉，就可以取消早餐，但是若宝宝想吃时，随时都要喂给他断奶食品。特殊情况下不喂断奶食品时，必须保证每天的奶摄取量。

婴儿断奶时期的营养调配

断奶后的宝宝少了一种优质蛋白质的来源，而这种蛋白质又是宝宝生长发育必不可少的。牛奶是断奶后宝宝理想的蛋白质和钙的来源之一，所以，断奶后除了给宝宝吃鱼、肉、蛋外，每天还一定要给宝宝喝牛奶。

断奶的这个时期，幼儿每日需要热能大约1100~1200千卡，蛋白质35~40克，需要量较大。由于幼儿消化功能较差，不宜过多食用较硬的固体食品，应在原辅食的基础上，逐渐增添新品种。烹调时应将食物切碎、煮烂，可用煮、炖、炒、蒸等方法，尽量不用油炸的烹饪方式及使用刺激性配料。

每日食谱尽量做到多轮换、多翻新，注意荤素搭配，避免每顿都吃一样的食物。要培养宝宝良好的饮食习惯，防止挑食、偏食，还要避免边走边喂、吃吃停停的坏习惯。宝宝应在安静的环境中专心进食，避免外界干扰，不打闹、不看电视，以提高进餐质量。

不要让宝宝嘬空奶瓶

有些断奶的宝宝很依恋奶瓶，经常喜欢嘬空奶瓶，而父母在婴儿吵闹的时候或在婴儿睡觉前，为了省心，就给婴儿嘬空奶瓶。其实，这种做法对宝宝健康有害。因为宝宝嘬空奶瓶时容易把大量的空气吸入胃内，引起宝宝腹部不适、呕吐或腹泻。长期如此，还容易造成宝宝牙齿不齐。如果宝宝养成了嘬空奶瓶的习惯，父母要帮宝宝改掉。父母可以采取转移宝宝注意力的方法，使他忘记空奶瓶，即使宝宝大声哭闹，也不应该让步，可以让他先哭一会儿，不理睬他，过一会儿，再给他一个他喜欢的玩具，让宝宝慢慢地忘记奶瓶。

小心断奶综合征

断奶意味着乳汁将从宝宝的主食变为辅食甚至零食，宝宝的失落感可想而知，这些从生理到心理的变化使不少宝宝患上了不同程度的断奶综合征，严重影响宝宝的生长发育。

初为父母要先了解宝宝的断奶综合征的症状和起因，才能慎重地把握宝宝断奶的时机，在断奶前做充分的准备，在断奶后进行科学的喂养，要特别注意补充足够的蛋白质。还要比平时更多地关注宝宝，跟他说话，做游戏，尽可能陪在他身边。宝宝心理上有了安全感，会逐渐增加食欲，顺利度过断奶期。

如何培养宝宝良好的饮食习惯

吃饭要定时、定量

饮食要定时，按顿吃饭，食量要基本固定，少吃零食。一般安排每天三顿正餐，上午、下午各加一次点心，每顿正餐间隔四小时左右。如果每天坚持按这种规律进食，宝宝就会养成按顿吃饭的好习惯。

在固定而安静的环境中进餐

不要在饭前或吃饭时责备宝宝，不要强迫他进餐，避免他情绪紧张，影响其大脑皮质的功能，使其食欲减退。更不要催促宝宝吃这、吃那，也不要总盯着他，这些行为都会导致他情绪紧张，不喜欢吃饭，对他的成长发育不利。

培养宝宝良好的就餐习惯

每次吃饭前要仔细洗手，让宝宝坐好，细嚼慢咽。不可边吃边玩，边吃边笑。这些习惯都是要经过长期强化才会逐渐养成的。所以妈妈不要性急，只要大人在进餐的时候给宝宝做出榜样，久而久之，宝宝就会习惯成自然。

有的宝宝长大后，挑食很严重，即使对营养再好的食物也不感兴趣。其实这就是他从小养成的习惯。因此，从添加辅食开始就应该给孩子喂食各种各样的食物，不论是鱼、肉还是豆腐，不论是水果还是蔬菜，不论是细粮还是粗粮，都应搭配着吃。

正确给宝宝补铁补锌补钙

补铁

铁是人类生命活动中不可缺少的元素之一。铁缺乏以及缺铁性贫血是我国常见的营养缺乏病。铁在食物中的存在形式有两种：一种是血红素铁，主要存在于动物性食物中；另一种是非血红素铁，主要存在于植物性食物中。血红素铁在人体内吸收率较高，而且受膳食因素的影响比较小，容易被机体吸收利用，其吸收率高达22%，是铁的良好来源。非血红素铁在消化过程中易受膳食中草酸等因素的影响，铁的吸收率一般在10%以下，较难被机体吸收利用。

预防幼儿出现缺铁性贫血的有效办法，是适当增加含铁质丰富的食品。动物性食物中动物肝脏和血液的含铁量最高，其次是瘦肉、鱼肉和肾脏等。此外，鸡蛋、鸭蛋等蛋类食品中也含有一定数量的铁质。植物性食物中豆类及豆制品的铁含量比较高，如豇豆、绿豆和油豆腐等。蔬菜中，马铃薯、芹菜、南瓜和番茄的含铁量较高。水果中含铁高的有酸枣、山楂、橘子等。另外，蔬菜水果中的维生素C能促进食物中的三价铁还原为二价铁，有利于铁的吸收。

补锌

婴幼儿缺锌的情况比较普遍，这是因为很多食物中含锌量很少，而且不易被人体吸收。在人体内，锌是由胃肠道吸收，由胰腺、胆囊分泌的消化液消化的。诊断婴幼儿是否缺锌，应做血清检测，用药物补锌最好在医生指导和监督下进行，要有一定的疗程。这是因为体内锌过多也是有害无益的。所以，最理想的补锌方法是吃含锌量较高的食物。因为食物含锌量少，而且食补一般不会出现副作用。

含锌量较高的食物有麸皮、地衣、蘑菇、炒葵花子、炒南瓜子、山核桃、酸奶、松子、豆类、墨鱼干、螺、花生油等，这些食物中有些较干硬，需要烹制到适合婴幼儿食用的程度。另外，鱼、蛋、肉等动物性食物中的含锌量较高，利用率也较高。

补钙

钙享有“生命元素”之称，是构成骨骼和牙齿的主要成分。人体99%的钙存在于骨骼和牙齿中，1%存在体液内。一个婴儿生下来时身高约50厘米，1岁时约75厘米，2岁时约为85厘米，以后就以每年5~7厘米的速度增高，这其中就少不了钙的作用。幼儿如果钙摄入不足，再加上缺少维生素D，就容易患佝偻病，幼儿易惊厥、夜啼，出现一系列骨骼改变，如O形腿、X形腿；学坐后可致脊柱后突成侧弯，对体格生长造成不可挽回的损失。所以，父母要注意给孩子补钙。其中合理膳食，多吃含钙多的食物是预防幼儿缺钙的最理想的方法。这里介绍一些富含钙的食品：

乳类与乳制品

牛奶、羊奶及奶粉、乳酪、酸奶、炼乳等。

豆类与豆制品

黄豆、扁豆、蚕豆、豆腐、豆腐干、豆腐皮等。

水产品

鲫鱼、鲤鱼、鲢鱼、泥鳅、虾、虾皮、螃蟹、海带、紫菜、蛤蜊、海参、田螺等。

水果与干果类

柠檬、枇杷、苹果、黑枣、杏脯、橘饼、桃脯、杏仁、山楂、葡萄干、西瓜子、南瓜子、桑葚干、花生、莲子等。

肉类与禽蛋品

羊肉、猪肉、鸡肉、鸡蛋、鸭蛋、鹌鹑蛋等。

蔬菜类

芹菜、油菜、胡萝卜、芝麻、香菜、雪里蕻、蘑菇等。

除从食物中摄入钙外，父母也可以给幼儿适当补充钙制剂。现在市面上的钙制剂很多，父母在选择时一方面应遵从医嘱，另一方面也要注意钙的含量及其在幼儿体内的吸收情况。

1~2岁宝宝常见吃饭问题十问十答

宝宝饮用豆浆时需要注意什么

豆类可以促进肠胃健康、增强宝宝免疫力，并可以补充钙，促进宝宝骨骼发育等。那么饮用豆浆有什么注意事项呢?

豆浆不宜与鸡蛋同食，豆浆中的胰蛋白容易与鸡蛋中的蛋白结合，使豆浆失去营养价值；豆浆不宜与红糖同食，红糖中的有机酸会与豆浆中的蛋白质结合，产生沉淀，对人体有害；豆浆不宜与蜂蜜同食，会产生变性沉淀，不利于营养的吸收；豆浆不宜与药物同食，药物会破坏豆浆的营养成分，豆浆也会影响药物的效果；豆浆一定要煮熟后饮用，生豆浆中含有胰蛋白酶抑制物、皂甙、维生素 A 抑制物等，不利于身体健康。

宝宝吃水果时需要注意什么

水果清甜可口，含有丰富的维生素，是宝宝理想的“小零食”。那么吃水果的时候，有什么注意事项呢?

宝宝在这个阶段，已经有一定的咀嚼能力了，妈妈可以将水果切成块状，让宝宝自己拿着吃，但是带籽的水果，如葡萄、西瓜等籽比较大的，需要将籽去掉，以免卡在宝宝的食管；吃水果尽量不要在餐前餐后吃，餐前吃水果容易影响正餐的摄入，餐后吃水果容易造成胀气、便秘；同时要根据宝宝的体质来选择水果。

宝宝不爱吃肉，怎么保障蛋白质的摄入呢

虽然肉是补充蛋白质的首选食材，但是宝宝不吃肉也不必过多担心，因为奶类、豆制品、鸡蛋、面包、米饭、蔬菜等食材里也含有蛋白质，如果每日平均喝2杯奶、吃3～4片面包、1个鸡蛋和3勺蔬菜泥，折合起来的蛋白质总量也能满足每日所需。

宝宝之所以不爱吃肉，大多是因为肉相比别的食物咀嚼起来费力，所以肉食一定要做得软、烂、鲜嫩一些。

宝宝不喝白开水怎么办

1～2岁的宝宝对味道的品尝能力已经很强了，他知道什么是甜的味道，什么是不甜的味道。随着辅食种类的增加，习惯了果汁、配方奶、蔬菜汁的宝宝，自然对无色无味的白开水不感兴趣了，因此，宝宝不喝白开水是很自然的事情。

此时，让宝宝爱上喝白开水最好的办法就是把白开水放进奶瓶里。大多数宝宝对奶瓶都是情有独钟的，即使宝宝可能意识到喝的是水，也会毫不犹豫地吸上几口，通过这种方式，慢慢地把宝宝的口味偏好调整过来。

宝宝的早餐应该怎样吃

对处于生长发育旺盛期的宝宝来说，早餐一定要“吃饱、吃好”。宝宝早餐要吃饱吃好，并不是说吃得越多越好，而是应该进行科学的搭配。一般来讲，早餐的热能要占全天总量的25%～30%。早餐应吃较多的谷类及部分蛋白质。如果早餐供给的热能不足，机体就要动用体内储存的脂肪或蛋白质，如脂肪代谢不完全可在体内产生酮体，长期下去会引起婴幼儿消瘦、易疲乏、不活泼、不爱活动。举例来说，光喝牛奶吃鸡蛋还不够，虽然已经有了脂肪和蛋白质，但缺少碳水化合物，即缺乏提供热量的淀粉类食品，如果除牛奶、鸡蛋外再吃几片面包或馒头、包子，这样营养就全面了。但是只吃馒头、咸菜的早餐也不科学，倒不如鸡蛋挂面营养更全面些。

多晒太阳真的能补钙吗

可以，阳光中的紫外线能激发人体内的胆固醇变成维生素D，促进钙吸收，阳光是天然的维生素D的营养源。有关资料表明，如果暴露着晒太阳，每1平方厘米皮肤半小时可产生20个国际单位的维生素D。

宝宝每日户外活动2个小时，足够满足自身一天对维生素D的需要。进入冬季，宝宝会因为天气寒冷而减少户外活动，为了让宝宝既能在室内待着，又能享受阳光的沐浴，可以让宝宝在暖和的房间里开着窗晒太阳，晒时不要隔着玻璃，也不要“捂着”，要让宝宝充分接受大自然给予的维生素D。

但是，晒太阳只是能促进钙的吸收，并不是摄入钙，还是需要两方面齐头并进才行。

怎样预防宝宝营养不良

营养不良是由于营养素摄入不足、吸收不良、需要量增加或消耗过多等因素而引起的一种疾病。防止营养不良，妈妈要注意维持宝宝合理充足的进食量，注意食物的营养成分，保证各种营养物质的消化吸收。此外，要积极防治宝宝各种急、慢性疾病，对宝宝的疾病要及早发现，及早治疗。要保证宝宝充足的睡眠时间，加强锻炼，增加户外活动时间，多晒太阳，以增强宝宝的体质。

1～2岁宝宝磨牙怎么办

夜间磨牙是中枢神经系统大脑皮质颌骨运行区的部分脑细胞不正常兴奋导致三叉神经功能紊乱，三叉神经支配咀嚼肌发生强烈持续性非功能性收缩，使牙齿发生嘎嘎响声的咀嚼运动。

常见原因有：肠内寄生虫病，尤其是肠蛔虫病；胃肠道的疾病、口腔疾病；临睡前给宝宝吃不易消化的食物，这样在宝宝睡觉后都可能刺激大脑的相应部位，通过神经引起咀嚼肌持续收缩；小儿白天情绪激动、过度疲劳或情绪紧张等精神因素造成。避免宝宝磨牙，白天要避免进食时玩得过度兴奋，睡觉前要避免进食兴奋性食物，如咖啡、可乐等。日常饮食注意补充钙质，多吃些含维生素丰富的食物。

怎样预防宝宝营养过剩

要为宝宝提供营养丰富的合理膳食，即需要根据宝宝生长发育的需求，提供充足的营养物质，但不可过量。每日提供给宝宝充足的热量，其中蛋白质提供的热量占一日总热量的12%～15%；脂肪提供的热量占总热量的30%；碳水化合物提供的热量占50%左右。这样可以做到既无营养素的浪费，又无多余的脂肪堆积。

宝宝爱吃零食怎么办

适量地给宝宝吃一些零食，可及时补充宝宝的能量以满足机体需要，也给宝宝带来快乐。但如果零食吃得太多，就会扰乱宝宝胃肠道正常的消化功能，减弱宝宝对正餐的食欲。长此下去，对宝宝的健康很不利。如果宝宝已经养成了爱吃零食的习惯，爸爸妈妈一定要纠正这种不良的习惯。

首先，要逐渐减少给宝宝的零食，但不要一下子全部断掉。

其次，要耐心给宝宝讲零食吃多了的坏处，不要错过任何的正面宣传，无论是电视还是报纸、杂志上的正面宣传，父母都应该与宝宝一起分享，一起了解多吃零食会对人体造成的不良影响。

第三，要将宝宝吃零食的时间和次数逐渐固定下来，特别是饭前不能给宝宝吃零食。

第四，要给宝宝安排好一天的活动，不要让他把注意力总放在零食上。只要慢慢调整，宝宝爱吃零食的习惯是能够改变的。

可爱面点工具

辅食添加与制作的常用工具

工欲善其事，必先利其器。要做出美味的面食，除了需要一双巧手，还得有各种好用的工具才行，下面我们就来认识一下制作可爱面点会用到哪些工具。

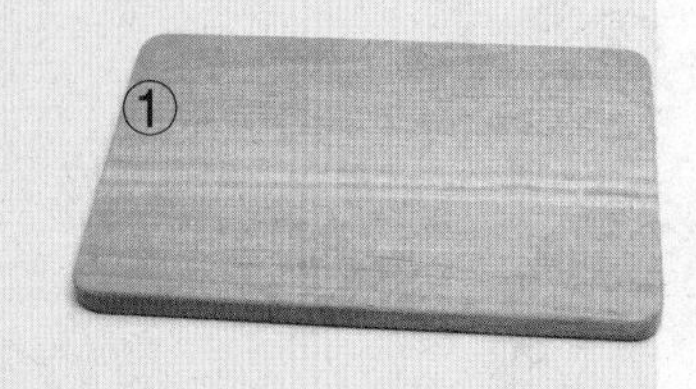

① 面板

又可称为案板。常见的面板有木制、竹制、塑料制等，用于切面团、切菜、擀皮。

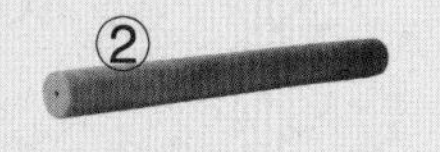

② 擀面杖

擀面杖是制作皮坯时不可缺少的工具，主要用于擀制面条、面皮等。要求木质结实，表面光滑，具体长度可根据需要选定。

③ 和面盆

做面点时必不可少的工具之一。建议选择不锈钢材质的和面盆，既耐用又方便清洗。

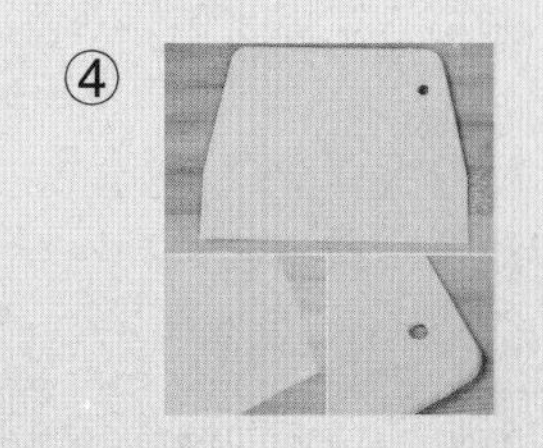

④ 刮板

主要用于调制面团、分割面团和清理案板。它是由塑胶、铜或不锈钢制成的，有半圆形、梯形、长方形等。用橡皮刮刀搅拌加入面粉中的材料时，注意要用切拌的方法，以免面粉出筋。

⑤ 蒸锅

不锈钢蒸锅具有容量大、易清洗的特点。此外，多功能蒸锅的锅盖弧度设计合理，可有效防止盖顶水珠直接滴落于食物上，适用于制作馒头、花卷、包子等发酵类面食。

⑤

⑥ 蒸笼

竹制蒸笼因蒸汽不倒流的优点而被广泛接受，是蒸笼材质的首选。其需要配合相同尺寸的锅具，用于蒸制馒头、包子类面食。

⑥

⑦ 纱布

在蒸面食时，为了防止成品粘连在蒸屉上，放在其底部使用。

⑦

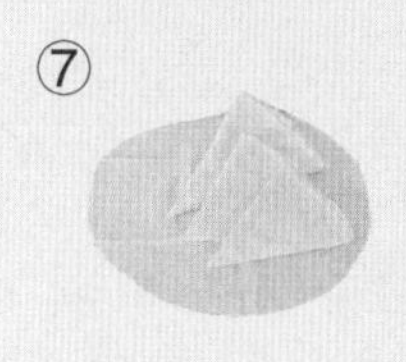

⑧ 模具

木制面点模具，可制作出浮雕效果的花样面点，常见的有月饼模具、馒头模具、发糕模具等。

⑧

⑨ 帘子

用于放置馒头、包子、饺子、馄饨等生坯，有透气性和不粘连的优点。

⑨

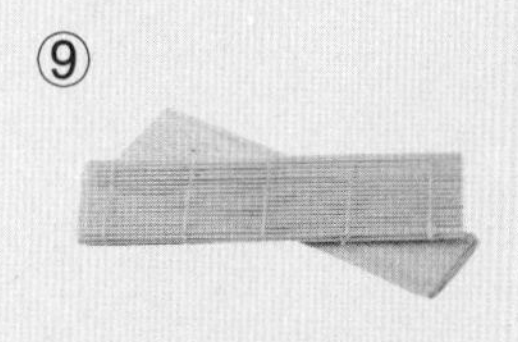

小小的厨房总能创造出大大的奇迹，妈妈用这些道具可以做出既漂亮又美味的食物，让宝宝一起见证神奇食物是如何产生的吧。妈妈带着宝宝一起制作面食的时候要留意宝宝的安全，注意不要让面粉迷住宝宝的眼睛、也不要呛着宝宝。

带着宝宝一起进厨房

让宝宝从小学会“自食其力”

很多宝宝会对厨房感兴趣，妈妈为什么总在里面呆很长时间？食物为什么一定要从那里面端出来？那里到底是一个怎样神奇的地方？1岁多的小宝宝刚萌发出对周围世界的兴趣，那妈妈就满足小宝宝，带着他一起去厨房，让他从小学会“自食其力”吧！这个时期的宝宝动手欲望会更加强烈，对自己准备和参与制作的食物也更容易接受。

带着宝宝准备食物

让宝宝把手洗干净，给他准备1条围裙，再准备一个相对安全的工作区，提供给他能力范围内能做的材料，没有危险的厨房用具也可以给宝宝用。进厨房后，妈妈可以告诉宝宝哪些厨具是有危险的，让他以后远离刀、叉之类的危险厨具。

揉捏面团是大多数宝宝喜欢的活动，玩面团宝宝能玩上好长时间，想象力、思维力、创造力和塑形能力都得到了锻炼。爸爸妈妈可以和宝宝一起揉面团，捏制各种形状，混合不同颜色蔬果汁的面团也是对宝宝的早期艺术创造启蒙。尤其是当宝宝看到自己捏的面团变成食物后，吃起来可能会更香。

手撕青菜是锻炼宝宝精细动作的很好方法，既可帮大人分担家务，又不搞破坏，可以给宝宝一些大叶子青菜，让宝宝慢慢撕成小块。

在这个过程中，爸爸妈妈要摆正自己的心态，不能抱着打发宝宝时间的态度带宝宝进厨房，不是简单地把食材丢给宝宝让他自己玩，而是真的教他如何做家务，培养他做事的认真态度和创造力。如果发现宝宝只是在玩或者搞破坏，爸爸妈妈要及时予以制止然后纠正他的行为。

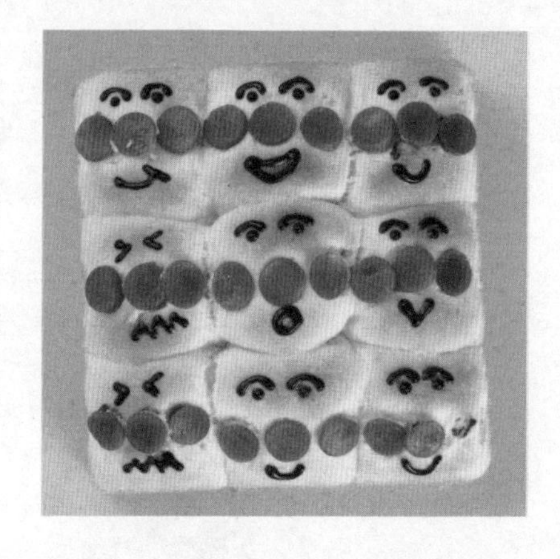

宝宝若很挑食，可以叫他帮助计划及准备晚餐。妈妈先列好一张菜单，让宝宝从中挑选他喜欢的食品，然后带他一起去买，或让宝宝帮忙挑菜，宝宝有机会参与准备晚餐，自然会对食物特别感兴趣。购买食材的时候，以坚决但和蔼的语气告诉宝宝，这些就是今天晚餐的食物，你自己选择吧。

Part 9

这些食物里藏着妈妈对你的爱

刺猬包

材料：

低筋面粉500克

酵母5克

莲蓉100克

黑芝麻少许

调料：

白糖适量

做法：

1. 将面粉、酵母、白糖、清水混合揉成面团，面团饧发约10分钟。

2. 将面团搓成均匀的长条，摘成数个剂子。

3. 把剂子压扁，擀成面皮，将面皮压成小面团，把面团擀成中间厚四周薄的面饼。

4. 把莲蓉放入面饼中，收口捏紧，搓成球状。

5. 把面球搓成锥子形状，制成生坯。在蒸盘刷上一层油，放入锥子状生坯。盖上盖，发酵40分钟。

6. 把发酵好的锥子状生坯取出，用小剪刀在其背部剪出小刺，做成刺猬包生坯。

7. 将黑芝麻点在刺猬包生坯上，制成其眼睛。再把生坯放入蒸锅中。

8. 盖上盖，发酵20分钟后，用大火蒸约10分钟，至刺猬包生坯熟透即可。

面皮要稍微擀得厚一些，这样在剪刺的时候才不至于将馅料露出来。

喂养小贴士

选择的刀一定要锋利，切到馅心上，让馅心露出来，才会看起来像花一样。

喂养小贴士

每次擀开前，用擀面杖均匀轻敲面皮表面，可以使面皮厚度均匀。

荷花酥

材料：

油心面团、油皮面团各150克，豆沙馅150克

做法：

1. 取油皮面团压扁包裹油心面团，擀成椭圆形，由下至上卷起，静置后擀开，卷起后按扁，擀成圆形，放入豆沙馅包好，收口朝下。
2. 在包好的面坯上用小刀划出 5 个花瓣，深度以能看见馅心为宜，全部处理好后放入铺好锡纸的烤盘中，烤熟即可。

蝴蝶酥

材料：

面粉100克，奶油20克，豆沙馅50克，蛋黄液30克，蜂蜜、白糖各适量

做法：

1. 用水将白糖化开，加入奶油和面粉揉搅均匀。
2. 面团摘剂，擀成皮，包上豆沙馅，封口，擀成薄圆饼，用刀切成四条，把四条面相互粘牢，呈皮馅分明的蝴蝶状。
3. 在面团上淋上蜂蜜，刷上蛋黄液，烤熟即可。

豆腐酪

材料:

豆腐、芒果肉各100克，奶酪30克

做法:

1. 将芒果肉切成小丁块；奶酪压扁，制成泥；洗净的豆腐切成小方块。

2. 锅中注入适量清水烧开，倒入豆腐块，焯煮约 2 分钟。

3. 捞出，沥干水分，放在盘中，待用。

4. 取榨汁机，选搅拌刀座组合，倒入芒果丁、豆腐，再放入奶酪泥，加盖。

5. 通电后选择“搅拌”功能，搅拌至食材成糊状，放在碗中即成。

喂养小贴士

奶酪富含乳酸菌，对肠道消化有很好的功效，适合宝宝多吃。

金枪鱼丸子汤

材料:

金枪鱼碎50克，胡萝卜、白萝卜各90克，鸡蛋1个，面粉90克，白芝麻、葱花各少许，盐、鸡粉各少许

做法:

1.胡萝卜、白萝卜切成粒；鸡蛋打入碗中，搅散制成蛋液。

2.胡萝卜、白萝卜、金枪鱼碎装碗，拌匀，加白芝麻、面粉、蛋液、葱花，搅匀。

3. 锅中注水烧开，挤入丸子，拌匀，用大火煮约 5 分钟，至食材熟透。

4. 加盐、鸡粉，搅拌匀至入味即可。

喂养小贴士

金枪鱼含有丰富的 DHA 与不饱和脂肪酸，对宝宝大脑发育非常好哦。

meizi flower

肉糜粥

材料：

瘦肉600克

小白菜45克

大米65克

盐2克

做法：

1. 将洗净的小白菜切成段。
2. 把肉片放入绞肉机，搅成泥状。
3. 把搅打好的肉泥盛出，加适量水调匀，备用。
4. 将洗净的大米放入干磨杯中，磨成米碎，盛入碗中。
5. 加入适量清水，调匀制成米浆备用。
6. 选择搅拌刀座组合，把小白菜放入杯中，加入适量清水，榨取小白菜汁，盛出备用。
7. 锅中倒入小白菜汁，煮沸，加入肉泥，搅拌一会儿。
8. 倒入米浆，用勺子持续搅拌 45 秒，煮成米糊。
9. 调入适量盐，继续搅拌一会儿至入味。
10. 盛出煮好的米糊，装入碗中即可。

肉末可事先炒制片刻再煲煮，会充满油香。

滑蛋牛肉末

材料：

牛肉100克，鸡蛋2个，葱花少许，盐2克，水淀粉10毫升，鸡粉、生抽、食用油各适量

做法：

1. 牛肉切粒装碗，加生抽、盐、鸡粉、水淀粉，拌匀，淋油，腌渍10分钟。
2. 鸡蛋、盐、鸡粉、水淀粉加入碗中，搅匀。
3. 热锅注油烧热，倒入牛肉滑至转色，捞出倒入蛋液中，加葱花，搅匀。
4. 锅底留油，倒入蛋液，炒匀至熟即可。

鸡肝酱香饭

材料：

米饭200克，鸡肝50克，葡萄干、洋葱各适量，料酒、盐、奶油各适量

做法：

1. 洋葱洗净切碎，鲜鸡肝洗净切片。
2. 锅中放入奶油加热，放鸡肝煎至上色。
3. 倒入料酒、洋葱翻炒，再加入盐调味，取出切碎。
4. 与葡萄干、米饭拌匀。
5. 放入电饭锅中，加热5分钟即可。

牛肉芋头汤

材料：

牛肉20克，芋头80克，高汤适量，盐2克，鸡粉2克，食用油适量

做法：

1. 处理好的牛肉切成小粒。
2. 洗净的芋头去皮，切成小丁。
3. 热锅注油烧热，倒入牛肉，翻炒转色。
4. 倒入高汤，大火煮开，放入芋头。
5. 大火煮 15 分钟，加入盐、鸡粉，拌匀调味即可。

喂养小贴士

芋头汤煮好后可以盖着锅盖焖一下，芋头的口感会更绵软。

蛋奶松饼

材料：

牛奶100毫升，面粉50克，鸡蛋1个，白糖适量

做法：

1. 鸡蛋打入碗中，倒入牛奶，搅拌均匀。
2. 倒入面粉，充分搅拌均匀。
3. 倒入白糖，搅拌片刻。
4. 煎锅注油烧热，倒入面糊，煎至两面金黄。
5. 将剩余的面糊逐一煎制好即可。

喂养小贴士

面糊一定要充分搅拌匀，以免煎制后有结块，影响口感。

油菜蛋羹

材料：

鸡蛋1个

油菜叶100克

猪瘦肉适量

调料：

盐适量

葱适量

芝麻油适量

做法：

1. 油菜叶择去老叶，洗净，切成碎末。
2. 猪肉洗净，切成末。
3. 葱洗净，切碎。
4. 鸡蛋磕入碗中，打散。
5. 加入油菜碎、肉末。
6. 再加入盐、葱末、芝麻油。
7. 搅拌均匀，制成蛋液。
8. 蒸锅置火上，加适量清水煮沸，将混合蛋液放入蒸锅中。
9. 加盖，蒸 6 分钟左右。
10. 关火取出即可。

还可加入少许高汤，会更滑嫩。

彩色海螺面

材料：

面粉225克

菠菜汁50毫升

南瓜50克

紫薯50克

清水适量

做法：

1.将蒸熟的南瓜加入部分面粉中，制成面团。

2.将蒸熟的紫薯中加入部分面粉和清水，制成面团。

3.将菠菜汁加入部分面粉中，制成面团。

4.将面团饧20分钟左右。

5.将饧发好的面团用擀面杖擀成薄片，用刮板或刀切成小正方形。

6.表面撒上薄薄一层面粉可以防止粘连。

7.将小面片放在寿司帘子上，用拇指按住轻轻向上一搓，就能做成一个小海螺。

8.按照同样的方式做完所有小面片。

9.按照宝宝的口味下锅煮熟即可食用。

各种颜色的食材含水量不一样，和面粉时可以先加一部分，再慢慢加。

牛奶白菜汤

喂养小贴士

此汤中牛奶营养丰富，加上白菜的作用，可为缺钙的宝宝补充钙质。

材料：

大白菜50克，牛奶50毫升，盐、水淀粉、味精各适量，清水100毫升

做法：

1. 大白菜去除老叶，用清水洗净。
2. 大白菜切片，改切成小丁，装盘待用。
3. 锅中注入 100 毫升清水，煮沸。
4. 倒入牛奶烧沸。
5. 放入白菜丁，搅匀，煮至白菜熟软。
6. 加入盐、味精，搅拌均匀。
7. 倒入水淀粉勾芡。
8. 搅拌均匀，关火后用小碗盛出即可。

菠菜牛奶碎米糊

材料：

菠菜80克，牛奶100毫升，大米65克，盐少许

做法：

1. 菠菜洗净放入榨汁机内打汁。
2. 大米洗净放入干磨杯中，磨成米碎。
3. 锅中倒入菠菜汁，用中火煮沸，加入牛奶、米碎。
4. 用勺子持续搅拌 1 分 30 秒，煮成浓稠的米糊，调入少许盐。
5. 搅拌均匀至米糊入味，关火，将煮好的米糊盛出，装入汤碗中即可。

喂养小贴士

菠菜含有丰富的铁，对于生长发育较快的宝宝而言，可以很好地帮助其成长。

酸奶水果沙拉

材料：

哈密瓜120克，雪梨100克，苹果90克，圣女果40克，酸奶20克

做法：

1. 将洗净去皮的哈密瓜切开，再切成丁。
2. 洗好的苹果切瓣，去除果核切丁。
3. 洗净去皮的雪梨切开，改切成丁。
4. 洗净的圣女果切小块，备用。
5. 取一个干净的大碗，倒入切好的材料，加入适量酸奶。
6. 快速搅拌至食材混合均匀即可。

喂养小贴士

水果含有较高的维生素，但是果糖含量较高，给小孩食用时应限制食用量。

核桃杏仁糊

材料：

杏仁30克，糯米粉30克，核桃30克，白糖少许

做法：

1. 洗净的杏仁、核桃倒入榨汁机，注入适量清水，盖上盖。
2. 选择“榨汁”功能，打成坚果汁，倒入碗中。
3. 砂锅中注入清水，倒入糯米粉，煮开后倒入拌匀的坚果汁。
4. 加盖，调至大火煮2分钟至沸腾。
5. 揭盖，加白糖，拌匀，煮至白糖溶化。

喂养小贴士

杏仁宜用北杏仁。榨汁前可先泡发，这样可以缩短榨汁机搅拌的时间。

海米冬瓜

材料：

冬瓜500克

海米10克

葱适量

姜适量

调料：

盐适量

料酒适量

食用油适量

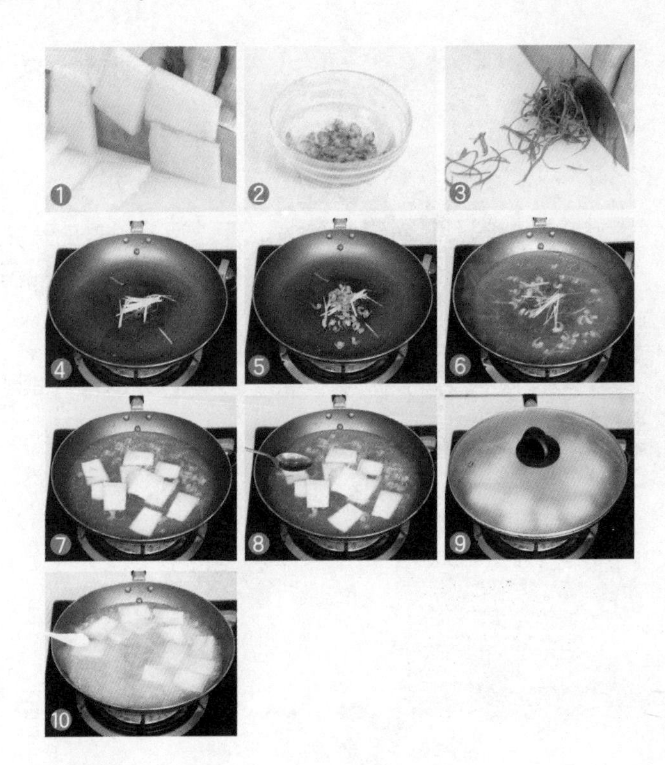

做法：

1. 冬瓜洗净，去皮去瓤，切片。
2. 海米放入清水中泡发。
3. 葱、姜分别切丝。
4. 锅烧热倒油，放入葱、姜，煸出香味。
5. 放入海米，炒匀。
6. 注入适量清水。
7. 下入冬瓜。
8. 加入适量料酒。
9. 盖上盖，煮至冬瓜熟软。
10. 揭盖，加入少许盐，搅拌均匀，盛出即可。

海米可事先油炸片刻，味道会更咸香。

素炒紫甘蓝

材料：

紫甘蓝150克，蒜末适量，盐2克，食用油适量

做法：

1. 洗净的紫甘蓝切成小块。
2. 热锅注油烧热，倒入蒜末，迅速翻炒爆香。
3. 倒入紫甘蓝，快速翻炒均匀。
4. 加入少许盐，翻炒至入味即可。

喂养小贴士

紫甘蓝的维生素含量丰富，所以炒制时间不宜过长，以免营养流失。

银耳珍珠汤

材料：

水发银耳35克，鸡胸肉80克，鸡蛋20克，番茄酱、菠菜汁、水淀粉、高汤、芝麻油、盐、料酒各适量

做法：

1. 银耳放入碗中，加高汤，上锅蒸熟。
2. 鸡胸肉剔净筋皮，剁成鸡蓉，放入锅内，加蛋清、料酒、盐、水淀粉拌匀。
3. 鸡蓉逐一制成小丸子，放沸水中煮熟。
4. 高汤放入锅内，加盐、番茄酱、菠菜汁，煮沸，再下入丸子、银耳，稍煮一会儿，淋入芝麻油即可。

喂养小贴士

银耳含有丰富的维生素D，可以促进人体对钙的吸收，有利于促进幼儿生长发育。

Chapter 5

2～3岁，可以和爸爸妈妈一起吃饭了

宝宝可以吃更多种类的食物了

尝试像大人一样吃饭

2岁以后的宝宝已经会吃饭了，而且可以吃大人的饭菜了，但是要注意，还是要让宝宝吃得清淡一些。这时期的宝宝很容易出现边吃边玩的现象，而且还容易出现偏食、食欲不振等一大堆让父母头疼的问题，这时父母就要注意观察宝宝爱吃什么，并且陪着宝宝慢慢用餐，保证宝宝真正地吃饱，避免因进食不足导致营养不良。另外，要尽量避免辛辣的食物，还要避免吃生食。

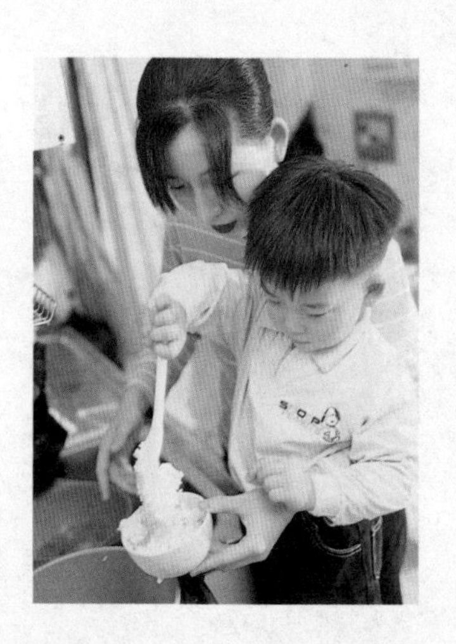

各餐营养比例搭配好

按照“早餐要吃好，午餐要吃饱，晚餐要吃少”的原则，把食物合理安排到各餐中去。各餐占一天总热量的比例一般为早餐占25%～30%，午餐占40%，午点占10%～15%，晚餐占20%～30%。为了满足宝宝上午活动所需热能及营养，早餐除主食外，还要加些乳类、蛋制品、青菜、肉类等食物，午餐进食量应高于其他各餐。

幼儿要多吃些绿色、橙色蔬菜

颜色越深、越绿的蔬菜，其维生素含量就越高。如油菜、小白菜、苋菜、菠菜和青椒等含胡萝卜素、B族维生素较多。橙色蔬菜如胡萝卜、黄色南瓜等也含有较多的胡萝卜素。胡萝卜素是绿色、橙色蔬菜中的一种植物色素，它在人体内受胡萝卜素双氧化酶的作用转变成维生素A，维生素A对人体起着重要的作用。当人们不易获得含维生素A丰富的动物性食物时，可考虑让幼儿多吃一些物美价廉的绿色、橙色蔬菜。

常吃些粗糙耐嚼的食物

不少家长总喜欢让自己的孩子吃细软的食物，觉得这样有利于消化和吸收。但婴幼儿若长期吃细软食物，则会影响牙齿及上下颌骨的发育。因为婴幼儿咀嚼细软食物时费力小，咀嚼时间也短，可引起咀嚼肌的发育不良，结果上下颌骨都不能得到充分的发育，而此时牙齿仍然在生长，就会出现牙齿拥挤、排列不齐及其他类型的牙颌畸形和颜面畸形。若常吃些粗糙耐嚼的食物，可锻炼幼儿的咀嚼功能。乳牙的咀嚼是一种功能性刺激，有利于颌骨的发育和恒牙的萌出，对于保证乳牙排列的形态完整和功能完善很重要。幼儿平时宜吃的一些粗糙耐嚼的食物有白薯干、肉干、生黄瓜、水果、萝卜等。

可以吃更多的菌菇类

香菇、口蘑、金针菇等这些比较常见的菌菇类可以更多地做给宝宝吃。家长购买时要注意食材的新鲜度，产生黏液、变色的、干瘪的菌菇已经放了很久，不宜食用。菌菇类食品烹调的时候一定要煮熟煮透，菌菇类也是高蛋白食物，摄食当天要减少其他高蛋白食物的进食量。

可以吃不同种类的坚果

坚果富含不饱和脂肪酸，经常给宝宝吃点，有利于宝宝智力发育。各种坚果都是维生素E的良好来源，尤其以核桃最为突出。选购的坚果最好是带完整果壳的，这样的坚果较少受污染，保质期也长一些，有怪味道的说明已经油脂氧化，不宜再食用。不要购买添加过多盐和其他调味料的坚果。

2~3岁宝宝每日油脂摄入以20~25克为宜，因坚果富含油脂，所以相应地要减少烹调油的使用。完整的坚果容易呛入宝宝器官引起窒息，所以给小宝宝吃坚果要事先揉碎，并且注意不要过量。

烹调更注重口味

2~3岁宝宝尝试过糖、盐等各种调味料后，口味会变得越来越挑剔，太清淡的饮食就会很难满足宝宝，“挑食宝宝”又出现了！如果在给宝宝烹调食物的时候适当调配一下口味，就会促进宝宝的食欲，而且完全不用过多地添加重口味调料，用食物本身的味道就可以，比如带有酸味的番茄、柚子、梅子，带有甜味的梨、香蕉、红薯。

Part 2

家长多一分细心，宝宝多一份健康

幼儿宜用筷子吃饭

用筷子夹食物是一种复杂、精细的动作，可涉及肩部、臂部、手腕、手掌和手指等30多个大小关节、50多条肌肉。对幼儿来说，一日三餐使用筷子，不但是一个很好的锻炼手指运动的机会，而且有促进其神经发育的作用。但是，有些家长为了图省事，不让幼儿使用筷子，而是一直让幼儿使用汤匙直至入学，这种做法是不太妥当的。一般，孩子到了2～3岁，就喜欢模仿大人用筷子吃饭，有学拿筷子的需求，这时父母就应当因势利导，让他们学习用筷子进餐。但一些家长认为孩子使用筷子不熟练，边吃边掉饭粒，吃得太慢，常常不让孩子用筷子进餐。这种因噎废食的做法是错误的。因此，父母应尽早教孩子学会用筷子吃饭。

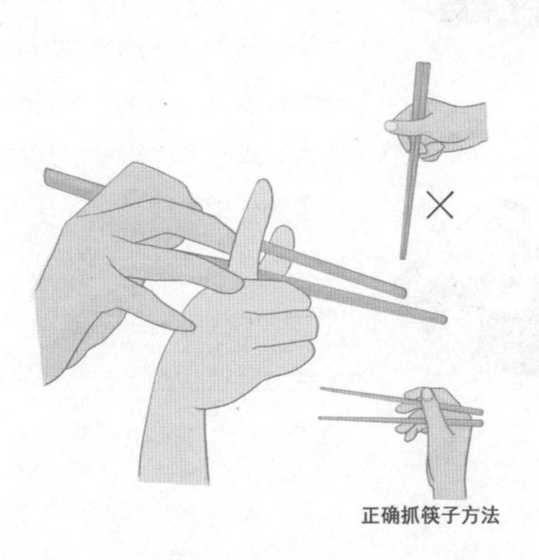

正确抓筷子方法

关注宝宝吃带骨带壳的肉类

大人可帮宝宝处理鱼刺、虾壳、贝壳，这样即便在外就餐也不用太过操心了，但在宝宝吃这些带骨带壳的食物时，大人还是要密切关注，以防发生意外，多刺且鱼刺极小的鱼暂时还不能给宝宝吃。

由于此阶段宝宝太小，所以食用鱼类时要非常注意安全。家长在购买鱼的时候，不妨挑一些鱼刺较少、较大、容易剔刺的鱼，处理时要非常细心地挑出鱼刺，一定要把鱼刺剔除干净后再给宝宝吃。在吃鱼的时候，要让宝宝专心致志，少说话，不要大笑 、看电视，嚼的时候要多嚼几下，细嚼慢咽。另外需要注意的是，给宝宝吃的鱼一定要烹煮熟透，鱼肉买回家后最好采用清蒸或烧的方式，避免油炸，以保留最多的营养。

经常生病的宝宝宜多吃素

经常生病的宝宝应该多吃植物性食品，如蔬菜、水果、谷物等，少吃鸡鸭鱼肉。因为健康的宝宝体质呈弱碱性，而常生病的宝宝身体常呈酸性体质。国外病理学家认为，一切疾病多数是从体液的酸中毒开始的。有关资料表明，人类70%的疾病发生在酸性体质上。鸡鸭鱼肉等食品属酸性食物，吃多了可中和体内的碱，从而使体质呈酸性，使身体成为多病之体。因此，多病的宝宝，即酸性体质的宝宝要经常多吃些素食。而蔬菜、水果为碱性食物，进入体内后可以中和体内的酸，使人体酸碱平衡。

不可忽视食品添加剂对宝宝的伤害

加工食品中一般都含有食品添加剂，包括防止食品变质的防腐剂、让外观看起来更可口的人工色素和咖啡因等，而宝宝喜欢的许多零食里面都加入了这些成分。食品添加剂有些来自天然，而大部分则是化学成分，食用过量就会对身体造成伤害。

父母都要尽量避免宝宝吃零食，也不要购买罐装的水果、肉类罐头给宝宝吃，而要以新鲜的水果、肉类来代替。很多宝宝爱吃的奶油蛋糕、果冻和果汁饮料也是加入了人工色素的，不能让宝宝接触很多。另外，咖啡、浓茶、巧克力里含有咖啡因，也不能让宝宝食用。

此外，炒菜的时候不要放入味精，因为它会促使宝宝体内的锌从尿液里排出，使宝宝缺锌。宝宝饮食中尽量少用半成品和市场上出售的熟食，如香肠、火腿、罐头等，因为这些食品中的添加剂、防腐剂对宝宝身体有害。

教你为宝宝选择好酸奶

酸奶含有20多种营养素，容易消化，同时营养素和能量密度高，特别适合处于幼儿时期需要多种营养、胃容量小、消化系统不成熟的宝宝食用。酸奶有促进消化、减少便秘和促进钙的吸收等好处，乳糖不耐受的宝宝喝酸奶也不会有问题，2~3岁的宝宝多喝酸奶大有益处。

现在市面上有各种各样的乳酸饮料和各种各样的酸奶，让妈妈们眼花缭乱，那么该怎么为宝宝选择好的酸奶呢？首先，市面上的乳酸饮料良莠不齐，有些乳酸菌含量媲美酸奶，有些则几乎不含活菌。乳酸饮料并不等于酸奶，它不是由纯牛奶发酵而成，而是只含微量的牛奶，主要是水、甜味剂、果味剂等，本质上并不含有乳酸菌，营养价值低，不含酸奶所含的丰富的蛋白质、脂肪、矿物质及因活性乳酸菌发酵而产生的大量活性物质。因此要购买酸奶而不是乳酸饮料。

其次，购买酸奶时也需要注意买好的酸奶。那么怎么购买好的酸奶呢？第一就是直奔超市冷柜。因为酸奶中的乳酸菌只有在低温下才能存活，因此只有冷藏的酸奶才能保证这一点，同样，酸奶买回家也必须冷藏。第二，要注意看蛋白质的含量。根据乳制品分类标准，若瓶身上标准蛋白质≥1克

的，就是乳酸饮料；标有≥2.3克的才是真正的酸奶。

最后，要注意益生菌的数量。许多益生菌“量足”的酸奶往往会标明菌种类别和含量，这同样可以成为消费者购买此类产品的保证。

不可以给宝宝吃汤泡饭

汤泡饭就是菜汤混合软米饭。有的妈妈认为，给宝宝吃汤泡饭能够促进宝宝的食欲、促进消化，其实不然。汤会冲淡宝宝口中的唾液、冲淡食物，使食物不能成团，会降低唾液淀粉酶的作用。食物最好经由咀嚼，和着唾液吞下，才能在食物团中发挥唾液淀粉酶的作用，让食物自然分解，从而促进消化和吸收。

汤泡饭还会让宝宝减少咀嚼的次数，甚至囫囵吞下，不仅使人“食不知味”，而且舌头上的味蕾神经没有得到刺激，胃和胰脏产生的消化液不多，这样会加大胃的工作量，也不利于肠胃的吸收，长久下来会让宝宝感到腹胀、腹痛。而且汤泡饭会减少宝宝的食量，因为汤会把饭粒泡大，让宝宝很快就感觉到吃饱了，但实际上食物摄取量并不够，会造成各种营养素的缺乏。长期食用汤泡饭，不仅影响胃肠的消化吸收功能，还会使咀嚼功能减退，让咀嚼肌萎缩，严重者还会影响到长大后的脸型。

爸爸妈妈要让宝宝养成科学喝水的好习惯，在炎热的夏季，每隔半小时就让宝宝喝一点水，以维持体内水分的平衡，而且要注意掌握好正确的喝水时间。

宜喝水时间：睡前2小时、起床后、游戏玩耍间歇、饭前2小时、饭后1小时。

不宜喝水时间：饭前后半小时、睡前1小时。

宝宝如何吃水果更健康

水果能补充多种维生素，而且味道甜美，是非常适合宝宝的营养食物。但是吃水果不能盲目地吃，要适时、适度才能吃得健康。选择水果应注意宝宝的年龄特征、消化能力，并选择适宜的食用方法。2~3岁的宝宝消化能力慢慢增强，但挑选和食用水果还是需要多多注意，才能让宝宝吃水果吃出健康。

吃水果的时间也要讲究，要安排在进餐后，因为水果含糖量多，餐前食用会影响食欲，让宝宝吃饭减少。

另外还需注意的是，吃苹果、李子的时候，不要让宝宝误食果仁，否则可能引起中毒。吃西瓜的时候别让西瓜籽误入气管或咽入肚子里堵在肛门，否则容易危及生命，要将西瓜籽去掉或给宝宝挤西瓜水喝；也不要短时间内给宝宝吃过多西瓜，否则容易引起呕吐、腹泻甚至脱水。甘蔗尽量不要给宝宝吃，因为宝宝处于长牙阶段，尽量榨汁喝，也需要注意不要买霉变的甘蔗。给宝宝吃菠萝时要先削皮、除去果刺，用盐水泡10分钟左右后食用，如果吃法不当，会发生菠萝过敏症。

宝宝吃饭时恶心或呕吐怎么办

宝宝2~3岁时，牙齿已经长齐，所以喜欢嚼一些干硬的食物，但还有一部分宝宝没有养成咀嚼的习惯，部分宝宝甚至只肯吃米糊、烂饭或牛奶，菜和肉稍微大一些就咽不下去，出现恶心甚至呕吐现象。这是因为妈妈养育宝宝过分细心，每天用肉泥、菜泥喂宝宝，时间一长，宝宝因此失去了咀嚼的机会，只能接受糊状或小颗粒状食物。如果宝宝到现在为止还不能接受块状食物，爸爸妈妈可以从以下几方面训练宝宝：

1

逐渐调整宝宝饭食的性状，循序渐进，先把泥状食物改为碎末食物，宝宝习惯后再过渡到吃小块食物。

2

平时可给宝宝吃一些猪脯肉、肉枣、鱼柳、鱼干之类的零食，让宝宝练习咀嚼，锻炼牙齿。

3

爸爸妈妈在为宝宝准备饭菜时，要注意食物的色香味。吃饭时，爸爸妈妈的态度也很重要，大人和颜悦色，宝宝就会心情愉快，乐于接受食物。万一出现恶心、呕吐现象，也不要抱怨，以免引起宝宝紧张。

让幼儿常吃点醋，食醋中的醋酸比例占0.4%左右，醋酸能够抑制多种细菌的繁殖。在幼儿吃的凉拌菜中加点醋，可以杀菌防病。此外，醋也有开胃和保护维生素C的作用。对不想吃饭的幼儿，吃点带酸味的菜，能增进食欲；在炒青菜时，加点醋，蔬菜中的维生素C大多能保留下来。

在外就餐注意事项

这个时期的宝宝，大人可以带着到处游玩了，不可避免地要在外就餐，干净卫生的餐厅是首选，尽量不要点口味过重的菜，注意水、维生素和矿物质的补充，点菜也要荤素搭配，水果作为加餐。

大人带宝宝出去野餐的时候，也要注意提前准备好干净营养的食物，让宝宝在大自然中愉快进餐。

最常引起过敏的食物是动物性蛋白食物，如螃蟹、大虾、鱼类、动物内脏、鸡蛋（尤其是蛋清）等。有些宝宝对某些蔬菜也过敏，比如扁豆、黄豆等豆类和蘑菇、木耳、竹笋等。

如果宝宝对某种食物过敏，最好的办法就是在相当长时间内避免吃这种食物。经过1～2年，宝宝长大一些，消化能力增强，有可能逐渐脱敏。

Part 3

带着宝宝远离不良的饮食习惯

宝宝从2岁开始，慢慢就会有自己的喜好和小性格了，这个时候就需要父母去好好地引导和培养宝宝的好习惯，特别是饮食习惯。不良的饮食习惯可能会导致宝宝营养不良，影响身体发育。下面就举几个不良的饮食习惯的例子，宝宝的父母需要注意哦。

吃饭时看电视

宝宝很喜欢看动画片，有的宝宝连吃饭的时候都必须看。一边看电视一边吃饭，眼睛一动不动地盯着屏幕，嘴巴机械式地咀嚼。长期如此会引起肠胃消化道疾病，导致营养不良。同时，吃饭时看电视还让部分宝宝与父母减少沟通，容易造成性格孤僻。

偏食和挑食

宝宝由于味蕾比较敏感，很容易偏食。有些宝宝从小就不爱吃蔬菜，只吃荤菜，几年下来身高没有同龄人高，体检时各项指标都与同龄人有差距，健康状况也不好，便秘、气色不好；而只吃蔬菜不吃肉的宝宝各项发育指标同样也不理想，这类宝宝容易营养不良，易感冒，身体免疫力较差。

把零食当正餐

现在市面上零食名目繁多，包装考究，宝宝很容易被吸引。但零食大多数是高热量的食物，营养缺乏，尤其是蛋糕、奶油之类的零食含有大量反式脂肪酸，吃多了会严重影响宝宝的生长发育。而且吃零食过量会影响食欲，妨碍正餐的摄入量，从而影响身体正常功能的发育，导致宝宝营养不良。

把饮料当水喝

有的宝宝，不管是口渴还是出去玩，都是要喝饮料，不爱喝水。饮料喝多了身体就会出问题，比如不爱吃饭、肥胖或是消瘦，还有的会流鼻血。所以，尽量少给宝宝喝饮料，白开水是最好的。

不喝牛奶

牛奶对于每一个人来说都很重要，它能提供优质蛋白质，含有人体必需的微量元素和氨基酸，尤其对生长发育中的宝宝的补钙效果很明显。但有的宝宝偏食，拒绝喝牛奶，这会导致宝宝营养不良。这个时候，父母一定要为宝宝寻找替代品，如酸奶、奶酪等，找到宝宝爱吃的乳制品。

爱吃烧烤和路边摊

有些父母爱吃烧烤食品或是爱逛夜市路边摊，可能会让宝宝也吃一些，宝宝的口味慢慢就会改变，也爱吃这些东西。这些东西对小孩子来说是有害的，路边摊食品不干净不卫生，含有大量的细菌，而且体内长期摄入熏烤过的蛋白类食物不但会导致宝宝营养不良，严重的还易诱发癌症。

2~3岁宝宝常见吃饭问题十问十答

幼儿积食了怎么办

有的宝宝比较爱吃，送到嘴边的食物都会被宝宝吃到肚子里，在这种情况下，宝宝就会积食，最明显的表现就是上吐下泻、不爱吃饭、小肚子总是鼓鼓的。这个时候，大人们要有意识地调节宝宝的进食量，考虑少添加两顿辅食，用更容易消化和吸收的米汤代替，严重时可以喂一些小儿消食片或喝一些含益生菌的饮料。

能用豆浆代替牛奶吗

豆浆是一种高蛋白食品，含有较多的必需脂肪酸，所含B族维生素和铁均高于牛奶。而且，豆浆中含有大豆的许多营养成分，但是其所含的纤维素很少，易被宝宝吸收。

所以，如果宝宝有乳糖不耐受症，可以用豆浆代替牛奶来喂宝宝。不过豆浆的含钙量比牛奶少，所含的维生素D也很少。用豆浆喂的宝宝，需要另外补充适量的钙和维生素D。

蛋黄是补铁佳品吗

对小宝宝来说，蛋黄细腻、好消化，而且含铁量较高。加之做法简便，所以刚开始加辅食的时候妈妈们都会喂宝宝蛋黄。蛋黄还含卵磷脂，对宝宝的脑发育有益。不过，蛋黄中的铁吸收率较差，并不能算补铁佳品。对2～3岁的宝宝，妈妈们可以添加肝脏、动物血、芝麻酱等含铁丰富的食物给宝宝，来防止宝宝贫血。

蔬菜能代替水果吗

水果和蔬菜的共同点是含有丰富的维生素，不过两者还是有区别的。水果含水分多、糖分多、果肉细、好消化，但水果所含的无机盐不如蔬菜多；蔬菜是人体获取钙、铁等无机盐的重要来源，而且蔬菜含纤维多，比较耐嚼，宝宝多咀嚼可以帮助牙齿生长。蔬菜、水果均是宝宝饮食中不可缺少的食物，不可互相替代。

如何安排宝宝吃零食的时间

很多宝宝都喜欢吃零食，不过，家长应该给宝宝把关，不能无限量地供应零食。因为靠零食不能使宝宝摄入合理、均衡的营养素。宝宝吃零食应该有大体固定的时间，这样才能保证零食与正餐之间有一段时间，吃正餐之前才能有饥饿感，比如可以在上午10点左右、午睡后1小时左右。因为零食绝不能代替正餐，所以不能由着孩子想吃就吃。

宝宝可以多吃山楂吗

可以的。山楂能增加胃蛋白酶的分泌，可以帮助消化胃中的食物，尤其是脂肪类食物。宝宝胃内各种辅助成分分泌不足，由于生长发育的需要，蛋白质和脂肪的摄入量较多，经常给宝宝吃一些山楂，能起到调理肠胃，促进肠胃消化吸收的作用。山楂中还富含多种矿物质，如钙、磷、铁、钾、钠，特别是维生素C的含量很高。而维生素C可以增强宝宝对疾病的抵抗力，促进伤口愈合，对痢疾杆菌有较强的抑制作用。用山楂配白糖水，可作为宝宝秋冬季常用的饮料，是宝宝泻胃火的良方。

宝宝可以喝运动型饮料和电解质饮料吗

运动型饮料是添加了矿物质的饮料。人在大量运动后会出许多汗，体内的矿物质会减少，有必要喝些运动型饮料。电解质饮料是参照腹泻出现脱水而开发出的口服液剂，饮用的目的是治疗脱水症。一般情况下，宝宝没必要喝运动型饮料和电解质饮料。但在身体大量出汗的情况下，可以给宝宝喝一些。

宝宝2岁多了仍离不开奶瓶怎么办

有的宝宝2岁多仍离不开奶瓶，这是怎么回事？这有习惯和依恋两方面的原因。如果只是习惯，对幼儿来说比较容易，改为用碗喝奶即可。但如果是依恋，则比较难撤掉奶瓶，因为这样的宝宝往往缺少安全感，总要寻找一个亲切、熟悉的东西作为依恋的对象，而奶瓶往往就是最易被幼儿用于依恋的对象。如果硬性撤掉奶瓶，会对宝宝产生较强的心理打击，使他恐惧不安，反而影响以后良好性格的培养。如果有这样的情况，家长可以逐渐改变奶瓶里的东西，使宝宝对奶瓶慢慢失去兴趣。如逐渐稀释奶瓶里的奶，到最后只装白开水，宝宝对只装水的奶瓶很快就会失去兴趣。如果宝宝还需要奶瓶作为护身符，不必非撤掉它，家长也不必太过着急。当宝宝与外界接触增多，自理能力增强时，他会自动放弃奶瓶的。

吃动物血就能补血吗

人们常说：吃血补血。这句话有没有道理呢？根据科学验证，这句话是有一定道理的。动物血中含有丰富的血红素铁，血红素铁又极易被人体吸收利用，所以，吃动物血是补血的好方法。各种动物血中所含铁量以鸭血最高，鸡血次之，猪血最少，不过，即使是猪血，含铁量也是红枣的7倍左右。

如何有效给宝宝喂药

宝宝生病会让家长很头痛，因为给宝宝打针，宝宝怕疼会哭闹，给宝宝吃药，药又很苦，宝宝也不能很好地吃，他又不懂事，没法劝说。这里介绍一种给宝宝喂药的方法，既安全又简便可行。这种方法需要用到奶瓶，所以对人工喂养的宝宝比较合适。方法是这样的：准备一个干净奶瓶，把药片碾碎成粉放于纸上。取下奶嘴，乳头向下，把药粉缓缓倒入奶嘴内顶端。奶瓶内倒入一些调好温度的糖水，倾斜奶瓶，把奶嘴拧上，注意不要让药粉撒入糖水中。让宝宝平卧，把奶嘴放在宝宝嘴里，把奶瓶尾部慢慢抬高，使糖水流入奶嘴内，宝宝随便吸吮几下，药粉就都被喝进去了，剩下的水就都是甜的了，可能宝宝还没尝到苦味，药就已经被吃下去了。

给宝宝喂药是一件较困难的事情，家长应该掌握合适的时机和方法

Part 5

这些食物里藏着妈妈对你的爱

紫菜墨鱼丸汤

材料：

墨鱼肉150克

瘦肉250克

紫菜15克

香菜少许

淀粉适量

盐适量

猪油适量

胡椒粉适量

葱花适量

做法：

1. 紫菜洗净，用清水泡发，备用。
2. 洗净的墨鱼肉、瘦肉剁成泥，装入碗中。
3. 将淀粉、盐、猪油加入肉泥内。
4. 顺时针搅拌上劲。
5. 把肉泥逐一捏制成丸子，待用。
6. 热锅注油烧至七成热，倒入丸子。
7. 稍稍搅拌炸至金黄色，将其捞出沥油。
8. 锅中注入清水烧开，放入丸子、紫菜。
9. 大火煮沸后转小火煨10分钟。
10. 撒入葱花、胡椒粉、香菜末，拌匀即可。

鱼丸一定要单向搅拌才能上筋，才好吃。

洋葱鸡肉饭

材料:

洋葱50克

鸡肉50克

大米50克

盐2克

食用油适量

洋葱味道较重，可事先炒透后再放入，做出来的味道会更香甜。

做法:

1. 洗净的洋葱去皮切碎。
2. 洗净的鸡肉切成碎末。
3. 锅中注入适量清水，倒入大米。
4. 加盖煮至大米熟软。
5. 热油起锅，倒入鸡肉末，翻炒至转色。
6. 倒入洋葱碎，快速翻炒出香味。
7. 放入少许盐，翻炒调味。
8. 加入熟米饭。
9. 快速翻炒松散，关火，盖上锅盖，焖 5 分钟。
10. 将炒好的米饭盛出，装入碗中即可。

喂养小贴士

扇贝含蛋白质、铁、钠、钙等营养成分，有健脑益智的功效。

干煎扇贝

材料：

扇贝400克，鸡蛋5个，葱末、姜末各少许，料酒、盐、食用油、芝麻油各适量

做法：

1. 扇贝肉去除杂质洗净，放入沸水中焯烫，捞出沥干。
2. 鸡蛋打入碗中，搅散，放入扇贝肉。
3. 倒入葱末、姜末、盐搅匀。
4. 油锅烧热，放入扇贝蛋液，煎至两面金黄色，熟透后烹入料酒、芝麻油，出锅装盘即可。

喂养小贴士

切肉应逆着肉的纹理切制，才能切断筋络，方便咀嚼。

香菇炒肉丁

材料：

香菇100克，猪肉30克，盐2克，鸡粉2克，生抽4毫升，食用油适量

做法：

1. 洗净的香菇切成小粒。
2. 处理好的猪肉切成粒。
3. 热锅注油烧热，倒入肉粒，炒至转色。
4. 倒入生抽，翻炒匀，倒入香菇粒，翻炒片刻。
5. 加入盐、鸡粉，翻炒入味即可。

无花果红薯黑米粥

材料：

红薯300克，水发大米100克，水发黑米70克，无花果35克，冰糖少许

做法：

1. 洗净去皮的红薯切丁；无花果、大米、黑米洗净。

2. 砂锅注水烧热，加入无花果、大米、黑米拌匀，煮至米粒变软，倒入红薯丁，煮至食材熟透，加入冰糖拌匀，再煮片刻。

3. 关火后盛出粥品即可。

喂养小贴士

黑米有利于儿童骨骼和大脑的发育，是一种理想的营养价值很高的保健食品。

桔梗拌海蜇

材料：

水发桔梗100克，熟海蜇丝85克，葱丝、红椒丝各少许，盐、白糖各2克，鸡粉适量，生抽5毫升，陈醋12毫升

做法：

1. 将洗净的桔梗切细丝，备用；取碗，放入切好的桔梗，倒入备好的海蜇丝。

2. 加入少许盐、白糖、鸡粉，淋入适量生抽；再倒入适量陈醋。

3. 用筷子搅拌一会儿，至全部食材入味，将拌好的菜肴盛入盘中，点缀上少许葱丝、红椒丝即可。

喂养小贴士

海蜇带有一定腥味，可增加红椒或醋的用量，以更好地去腥。

西葫芦蛋饼

材料：

西葫芦200克

鸡蛋60克

面粉100克

调料：

盐2克

芝麻油5毫升

食用油适量

做法：

1. 洗净的西葫芦对半切开，用擦丝板擦成丝。
2. 西葫芦丝装入碗中，放入盐。
3. 拌匀静置 10 分钟至出汁。
4. 将西葫芦内汁水倒去，打入鸡蛋，搅拌匀。
5. 倒入芝麻油，搅拌片刻。
6. 分次加入面粉，充分搅拌均匀。
7. 热锅注油烧至七成热，倒入面糊。
8. 略煎至定型，将蛋饼翻面。
9. 将两面煎成金黄色，盛出放凉片刻。
10. 将煎好的蛋饼切成小块，装入盘中即可。

西葫芦腌制时已经加了盐，后期调制面糊时不用再加盐，宝宝不宜吃得太咸。

老北京疙瘩汤

材料：

西红柿180克

面粉100克

金针菇100克

鸡蛋1个

香菜叶适量

葱碎适量

调料：

盐2克

鸡粉2克

食用油适量

做法：

1.金针菇切去根部，稍稍拆散，洗净；西红柿洗净，切小块。

2. 面粉中分次注入约 15 毫升清水，稍稍拌匀成疙瘩面糊，待用。

3. 锅中注油，倒入葱碎，爆香，放西红柿，翻炒。

4. 注入清水，加盖，稍煮 2 分钟至烧开。

5. 揭盖，放入切好的金针菇，搅散。

6. 分次少量放入疙瘩面糊。

7. 加入盐、鸡粉，搅匀，稍煮半分钟。

8. 鸡蛋打散，淋入锅中，搅匀。

9. 关火后盛出疙瘩汤，装碗。

10. 放上洗净的香菜叶即可。

金针菇一定要清洗干净，不要用盐水清洗金针菇，食用前用开水烫一下。

山药蛋粥

材料：

山药120克，鸡蛋1个

做法：

1. 将山药去皮洗净切成薄片，放入蒸锅，再放入装有鸡蛋的小碗。
2. 盖上锅盖，用中火蒸约 15 分钟至食材熟透，取出蒸好的食材，放凉备用。
3. 把放凉的山药捣成泥状，盛放在碗中。
4. 将放凉的熟鸡蛋去壳，取蛋黄。
5. 将蛋黄放入装有山药泥的碗中，压碎，搅拌片刻至两者混合均匀。
6. 另取一个小碗，盛入拌好的食材即成。

喂养小贴士

山药易氧化，拌制时加入少许白醋，能很好地保持颜色艳丽。

蛤蜊冬瓜汤

材料：

蛤蜊180克，冬瓜100克，姜片适量，盐2克，鸡粉2克，白胡椒粉适量

做法：

1. 洗净去皮的冬瓜切成片，待用。
2. 锅中注入适量的清水大火烧开，倒入冬瓜片、姜片，搅拌匀。
3. 盖上锅盖，大火煮 5 分钟至食材变软。
4. 掀开锅盖，倒入处理好的蛤蜊，煮至开壳。
5. 加入盐、鸡粉、白胡椒粉，搅匀调味。

喂养小贴士

冬瓜不易煮熟，所以要先放入锅中，多煮一会儿。

莲藕海带汤

材料：

莲藕160克，水发海带丝90克，姜片、葱段各适量，盐2克，鸡粉2克

做法：

1. 将去皮洗净的莲藕切厚片，备用。
2. 砂锅中注入适量清水烧热，倒入洗净的海带丝。
3. 放入藕片，撒上姜片、葱段，搅散。
4. 盖上盖，烧开后用小火煮约 25 分钟，至食材熟透。
5. 揭盖，加入盐、鸡粉，拌匀调味即可。

喂养小贴士

莲藕含蛋白质、胡萝卜素、B 族维生素等营养成分，有健脾养胃的功效。

海蛎子鲜汤

材料：

海蛎子40克，姜丝少许，料酒3毫升，盐2克

做法：

1. 锅中注入适量清水烧开，倒入海蛎子。
2. 加入姜丝，淋入料酒，搅拌匀。
3. 加入少许盐，搅拌煮至入味即可。

喂养小贴士

海蛎子入锅煮之前，可将其放入淡盐水中浸泡，以使其吐净泥沙。

素烧豆腐

材料：

豆腐100克

西红柿60克

青豆55克

调料：

盐 1 克

生抽 3 毫升

老抽 2 毫升

水淀粉适量

食用油适量

青豆和豆腐都含有丰富的钙质，对宝宝牙齿的生长非常有益。

做法：

1. 把洗净的豆腐切成小方块。
2. 洗净的西红柿切片，再切成小丁块。
3. 锅中注入适量清水烧开，加入少许盐。
4. 放入洗净的青豆，焯煮约 3 分钟。
5. 待青豆熟透后捞出，沥干水分，放在盘中。
6. 倒入豆腐块，焯煮约 1 分钟，捞出，沥干水分。
7. 用油起锅，倒入西红柿丁，翻炒出汁水。
8. 加入焯煮过的青豆，炒匀，加清水，调入盐、生抽。
9. 再倒入豆腐块，拌匀，用中火煮至汤汁沸腾。
10. 淋上少许老抽，拌匀上色，转大火收浓汁水，倒入适量水淀粉勾芡即可。

青菜熘鱼片

喂养小贴士

鱼片切得薄一点，口感会更好，也更适合宝宝食用。

材料：

青菜80克，大黄鱼肉180克，姜丝适量，高汤、盐、白糖、料酒、水淀粉、鸡粉、食用油、芝麻油各适量

做法：

1. 青菜洗净切碎；鱼肉剔去骨刺，片成鱼片。
2. 鱼片装入碗中，放入料酒、盐，拌匀。
3. 热锅注油烧热，放入鱼片炒至转色捞出。
4. 锅底留油，倒入青菜，翻炒；加高汤、盐、鸡粉、白糖，炒匀；放入鱼片，翻炒；淋入水淀粉，勾芡；淋芝麻油提香，装碗即可。

酱爆鸭糊

喂养小贴士

鸭肉是低脂高蛋白的肉类，非常适合成长期的宝宝食用。

材料：

鸭肉750克，葱段、姜片各50克，甜面酱75克，食用油、生抽、料酒、盐、味精、水各适量

做法：

1. 鸭肉洗净，切成小块。
2. 油锅烧热，放入甜面酱炒出香味。
3. 把鸭块、料酒、生抽一起入锅煸炒。
4. 待鸭块上色后，加适量水、盐、味精、葱段、姜片，煮沸。
5. 改小火，煮至鸭块酥烂时收汁，装盘即可。

黄豆炖五花肉

材料：

五花肉60克，水发黄豆30克，姜末、葱段各适量，生抽4毫升，老抽2毫升，料酒5毫升，盐1克，食用油适量

做法：

1. 五花肉切成小块。
2. 热锅注油，倒入姜末、葱段，爆香，倒入五花肉，翻炒至转色，加入生抽、老抽、料酒、盐。
3. 加盖，大火煮开后转小火焖 30 分钟。
4. 揭盖，放入黄豆，稍稍搅匀，加盖，续焖 5 分钟至食材熟软入味即可。

喂养小贴士

五花肉含蛋白质、B族维生素等营养成分，有养血、补中益气等功效。

虾皮紫菜粥

材料：

大米50克，紫菜15克，虾皮5克，盐适量

做法：

1. 砂锅中注入适量清水煮开。
2. 倒入洗净的大米，煮沸后转小火。
3. 熬煮至黏稠，加入洗净的紫菜、虾皮再煮 15 分钟。
4. 加入少许盐，拌匀即可。

喂养小贴士

虾皮紫菜粥既补碘又补钙，非常适合宝宝食用。

豆角拌面

材料：

油面250克

豆角50克

肉末80克

红椒、甜椒各20克

调料：

盐2克

鸡粉3克

生抽适量

料酒适量

芝麻油适量

食用油适量

做法：

1. 红椒、甜椒洗净切成粒。
2. 洗好的豆角切成粒。
3. 用油起锅，锅中倒入肉末、豆角、料酒、生抽、鸡粉，大火炒匀。
4. 锅中下红椒、甜椒，快速翻炒均匀。
5. 锅中食材盛起，装入盘中。
6. 锅中注水烧开，下油面，煮熟。
7. 捞起油面，装入盘中。
8. 油面中放盐、生抽、鸡粉、芝麻油、部分肉末。
9. 把面搅拌均匀，将剩余的肉末放上即可。

面食较易被吸收，搭配肉末不仅美味，营养更是满分。

甜椒韭菜花炒肉丝

材料：
韭菜花100克
里脊肉140克
彩椒35克
姜片适量
葱段适量
蒜末适量

调料：
盐2克
鸡粉少许
料酒5毫升
生抽5毫升
水淀粉适量
食用油适量

喂养小贴士

彩椒含丰富的维生素C，能很好地预防宝宝生病。

做法：
1. 洗净的韭菜花切长段；洗好的彩椒切粗丝。
2. 里脊肉洗净切细丝，放入碗中，加入少许盐、料酒。
3. 撒上少许鸡粉，淋入适量水淀粉，拌匀。
4. 倒入食用油，腌渍约10分钟至其入味，待用。
5. 用油起锅，倒入腌好的肉丝，炒匀、炒散。
6. 撒上姜片、葱段、蒜末，炒出香味。
7. 淋入适量料酒，炒匀，倒入切好的韭菜花。
8. 放入彩椒丝，用大火翻炒至食材熟软。
9. 转小火，加入少许盐、鸡粉、生抽、水淀粉，翻炒均匀。
10. 关火后盛出炒好的菜肴，装入盘中即可。

黑木耳煲猪腿肉

材料：

猪腿肉块300克

水发黑木耳40克

红枣10克

桂圆5克

枸杞5克

姜片5克

调料：

清汤适量

盐适量

料酒适量

红枣能加强造血功能，对成长期的宝宝有很好的辅助效果。

做法：

1.黑木耳洗净，撕成小朵，装入盘中备用。

2.红枣、桂圆、枸杞分别洗净。

3.猪腿肉块放入沸水中焯烫。

4.锅中倒入清汤。

5.加入猪腿肉块、料酒、黑木耳、红枣、桂圆、枸杞、姜片。

6.加盖，煲2小时。

7.打开盖，加入盐。

8.搅拌均匀。

9.盖上盖，再煲15分钟。

10.关火，盛入碗中即可。

素三鲜饺子

材料：

饺子皮5张，韭菜、香菇、笋各适量，盐、食用油各适量

做法：

1.韭菜洗净，切碎；香菇洗净，去蒂，切碎；笋洗净，切碎。

2.取一大碗，倒入韭菜、香菇、笋，加少许盐、食用油搅拌均匀。

3.取饺子皮，放入馅料，在饺子皮边缘蘸水，包好，制成饺子生坯。

4.锅中注入适量清水烧沸，加适量盐。

5.下入饺子生坯，煮至饺子上浮即可。

喂养小贴士

此时的宝宝牙齿还在发育，馅料可做得更细嫩一些。

口蘑通心粉

材料：

口蘑20克，通心粉30克，奶酪15克，盐、橄榄油各适量

做法：

1.锅中注入适量清水烧沸，加入适量盐、橄榄油。

2.下入通心粉，煮约6分钟后捞出沥干。

3.口蘑洗净切片。

4.锅中注入适量橄榄油，倒入口蘑片炒软。

5.加入奶酪，炒匀。

6.将煮熟的通心粉倒入锅中，炒匀入味即可。

喂养小贴士

口蘑含有丰富的氨基酸，味道也非常鲜美，宝宝可多吃。

墨鱼豆腐汤

材料：

小墨鱼150克，豆腐200克，香菜、葱段、姜片各少许，盐2克，鸡粉2克，料酒8毫升

做法：

1.洗净的豆腐切成条，改切成小块，备用。

2.锅中注入清水烧开，倒入小墨鱼，淋入少许料酒，搅匀捞出，沥干水分。

3.锅中注水烧开，倒入汆过水的小墨鱼。

4.再放入姜片、葱段，倒入豆腐块。

5.加入少许盐、鸡粉，搅匀调味，放入香菜，搅匀，略煮一会儿即可。

喂养小贴士

小墨鱼表层的膜要剥除干净，否则会有腥味。

白菜虾丸汤

材料：

白菜100克，虾丸25克，高汤适量，盐2克

做法：

1. 洗净的白菜切成小块。

2. 洗净的虾丸切成小块，待用。

3. 高汤倒入锅中煮开，倒入白菜、虾丸。

4. 搅拌片刻，加入少许盐，拌匀煮至食材入味。

5. 关火盛出即可。

喂养小贴士

虾丸类制品的蛋白质含量高，还含有丰富的矿物质，有增强免疫力的功效。

牛奶西米露

材料：

西米80克，牛奶30毫升，香蕉70克，白糖10克

做法：

1. 把洗净的香蕉去皮，再切成条形，改切成小丁块，备用。
2. 砂锅中注水烧开，倒入西米，拌匀。
3. 加盖，煮沸后转小火煮 20 分钟。
4. 揭开锅盖，加入适量牛奶，拌匀。
5. 倒入切好的香蕉，拌匀。
6. 加入少许白糖，搅拌均匀，煮至溶化即可。

蒜香西蓝花

材料：

西蓝花200克，蒜末适量，盐、食用油各适量

做法：

1. 洗净的西蓝花切成小朵。
2. 锅中注入适量清水烧开，放入少许盐，拌匀。
3. 倒入西蓝花，搅拌匀，汆至半生，将其捞出，沥干。
4. 热锅注油烧热，倒入蒜末，翻炒爆香。
5. 倒入西蓝花，翻炒片刻，加入少许盐，炒至入味即可。

Chapter 6

这样吃，宝宝成长得更好

Part 1

吃得好，长得高

好体格，要从小塑造

虽然钙是让骨骼结实、促进身体长高的重要物质之一，但仅仅重视补钙是不利于宝宝全面成长的。有助于宝宝生长发育的除了钙质外，还需要能转化为肉和血的蛋白质、有助于成长的维生素、能清除体内垃圾的膳食纤维、能预防贫血的铁。对于宝宝增高助长还要注意尽量少食加工食品，如零食、点心等；注意保持营养均衡。

宝宝增高助长吃什么

宝宝增高助长的关键营养有钙、磷、维生素D、蛋白质、锌。辅食中可多添加一些如骨头汤、猪肉、牛肉、羊肉、牛奶、豆制品、沙丁鱼、胡萝卜、菠菜、虾皮、豆类、紫菜、海带、淡菜、柑橘、动物肝脏等食品。

海鲜蔬菜粥

材料：

虾仁15克，芹菜20克，大米50克

做法：

1. 虾仁去壳去虾线，洗净，切碎。
2. 芹菜洗净，切成末。
3. 锅中注入适量清水烧沸，倒入洗净的大米，大火煮沸后转小火煮 30 分钟。
4. 倒入虾仁碎，煮至虾仁变色。
5. 倒入芹菜末，同煮至食材入味。
6. 关火盛出即可。

喂养小贴士

虾仁富含微量元素与蛋白质，与芹菜搭配营养更均衡，可增强宝宝免疫力。

凉拌海鱼干

材料：

明太鱼干60克，香菜适量，盐、熟油、香醋各适量

做法：

1. 明太鱼干处理干净，放入蒸盘中。
2. 将鱼干放入蒸锅中，蒸熟，取出。
3. 把鱼干放入碗中。
4. 加入适量盐、熟油、香醋，搅拌均匀。
5. 用小碗盛出，点缀上香菜即可。

喂养小贴士

这道菜口感鲜嫩，可以适当添加其他蔬菜泥来丰富宝宝的营养需求。

软煎鸡肝

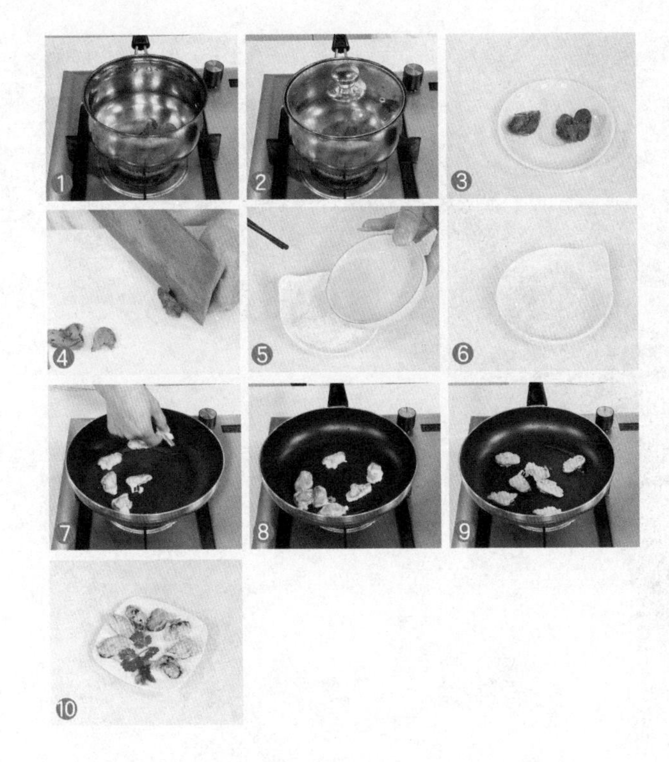

材料：

鸡肝80克

蛋清50毫升

面粉40克

调料：

盐1克

料酒2毫升

做法：

1. 汤锅中注入适量清水，放入洗净的鸡肝，加少许盐、料酒。
2. 盖上盖，烧开后煮 5 分钟至鸡肝熟透。
3. 揭盖，把煮熟的鸡肝取出，晾凉备用。
4. 将鸡肝切成片。
5. 把面粉倒入碗中，加入蛋清。
6. 搅拌均匀，制成面糊。
7. 煎锅注油烧热，将鸡肝裹上面糊，放入煎锅中。
8. 用小火煎约 1 分钟，煎出香味。
9. 翻面，略煎至鸡肝熟。
10. 将煎好的鸡肝取出装盘即可。

喂养小贴士

此菜中鸡肝与蛋清等合用，能补充维生素A，还具有大补气血、益聪明目等功效。

丝瓜蛤蜊豆腐汤

材料：

蛤蜊400克

豆腐150克

丝瓜100克

姜片少许

葱花少许

调料：

盐2克

鸡粉2克

胡椒粉适量

食用油适量

做法：

1. 将洗净的丝瓜对半切开，切成长条，再切成小块。
2. 洗好的豆腐切开，切成小方块。
3. 洗净的蛤蜊切开，去除内脏，清洗干净，待用。
4. 锅中注入适量清水烧开，加入少许食用油、盐、鸡粉，撒入姜片。
5. 倒入豆腐块，再放入处理干净的蛤蜊，搅拌匀。
6. 盖上盖，用大火煮约 4 分钟，至蛤蜊肉熟软。
7. 揭盖，倒入丝瓜块，搅匀，再煮至食材熟透。
8. 撒上少许胡椒粉，搅拌匀。
9. 续煮一会儿，至汤汁入味。
10. 关火后盛出，装入汤碗中，撒上葱花即可。

蛤蜊具有高蛋白、高微量元素、高铁、高钙、少脂肪的营养特点。

吃这些，更聪明

健脑益智从婴儿期开始

婴儿期是宝宝脑细胞迅速发育的高峰期。为促进宝宝的脑部发育，除了保证足够的母乳外，还需要妈妈给宝宝添加健脑食物，全面补充营养，为宝宝的未来打好基础。宝宝多食健脑益智食物，可以增强大脑的功能，使大脑灵敏度和记忆力增强，让宝宝更聪明。

宝宝健脑益智吃什么

宝宝健脑益智的关键营养有蛋白质、糖类、脂类、锌、牛磺酸、铁。可以补充如核桃、松子、金针菇、香菇、鸡蛋、瘦肉、牛肉、羊肉、三文鱼、虾、鱿鱼、鳕鱼、牛奶、豆浆、胡萝卜、菠菜、佛手瓜、红枣、柚子、草莓等食物。

黑豆浆

喂养小贴士

黑豆浆味甘醇浓，远远超过普通豆浆，是划时代的天然营养健康饮品。

材料：

水发黄豆135克，水发黑豆100克，白糖少许

做法：

1. 取准备好的豆浆机，倒入浸泡好的黑豆和黄豆。
2. 撒上少许白糖，注入适量清水，至水位线即可。
3. 盖上豆浆机机头，选择“五谷”程序，再选择“开始”键，待其运转结束。
4. 断电后取下机头，倒出煮好的豆浆，装入碗中即成。

松子胡萝卜丝

喂养小贴士

松子仁中的不饱和脂肪酸对促进宝宝脑细胞发育有良好的功效。

材料：

胡萝卜250克，松子仁10克，盐1克，鸡粉2克，白糖适量

做法：

1. 洗净去皮的胡萝卜切成片，再切成丝，备用。
2. 用油起锅，倒入松子仁，炸至变色，捞出沥干。
3. 锅底留油，放入胡萝卜丝。
4. 加入盐、鸡粉、白糖，炒匀调味。
5. 关火后盛出炒好的食材，装入盘中，撒上松子仁即可。

南瓜炒牛肉

材料：

南瓜片150克

牛肉175克

青、红椒各适量

调料：

盐2克

鸡粉2克

料酒10毫升

生抽4毫升

水淀粉适量

食用油适量

做法：

1. 洗净的青椒切成条形；洗好的红椒切成条形。
2. 洗净的牛肉切成片，装入碗中，加入盐、料酒、生抽、水淀粉，拌匀，淋入食用油，腌渍约10分钟。
3. 锅中注入水烧开，倒入南瓜片，煮至断生。
4. 放入青椒、红椒，拌匀，淋入少许食用油。
5. 捞出材料，沥干水分，装盘待用。
6. 用油起锅，倒入牛肉，炒至变色。
7. 淋入少许料酒，炒匀炒香。
8. 倒入南瓜片、青椒、红椒，炒匀炒透。
9. 加入盐、鸡粉，淋入水淀粉，炒匀。
10. 盛出即可。

牛肉是高蛋白食材，对宝宝的生长发育有很大的帮助。

葱烧鳕鱼

材料：

大葱30克，鳕鱼100克，盐、食用油、淀粉、生抽各适量

做法：

1. 大葱洗净切段，鳕鱼洗净切块，加盐、淀粉、生抽腌制片刻。
2. 锅置火上，倒入适量油，放入大葱段煸香。
3. 把大葱拨到一边，放入鳕鱼块，煎熟。
4. 关火盛出即可。

喂养小贴士

鳕鱼除了富含对宝宝大脑有益的 DHA，还含有对宝宝生长很有帮助的钙质。

土豆金枪鱼沙拉

喂养小贴士

金枪鱼含有有益健康的鱼油和促进大脑发育的 DHA，宝宝可以多吃。

材料：

土豆80克，熟金枪鱼50克，玉米粒40克，蛋黄酱30克，洋葱15克，熟鸡蛋1个

做法：

1. 土豆去皮洗净切滚刀块；洗好的洋葱切丁。
2. 熟金枪鱼肉撕碎；熟鸡蛋去壳切小瓣。
3. 玉米倒入沸水中煮至断生，捞出沥干。
4. 蛋黄酱、洋葱丁倒入碗中，搅拌匀。
5. 土豆块放入锅中蒸熟后取出，备用。
6. 取一个大碗，放入土豆块、玉米粒、金枪鱼肉、酱料，搅拌均匀。
7. 将沙拉盛入盘中，再放上鸡蛋即成。

草莓米汤

喂养小贴士

草莓含大量的维生素C，能促进人体对铁的吸收，有助于宝宝提高免疫力。

材料：

草莓20克，大米30克

做法：

1. 草莓洗净，切成小块。

2. 大米淘洗干净。

3. 锅中注入适量清水烧沸，倒入大米、草莓。

4. 大火煮沸后转小火，同煮成粥。

5. 晾凉，取米粥上层的米汤即可。

西芹丝瓜胡萝卜汤

喂养小贴士

丝瓜具有健脑的功效，有利于宝宝大脑发育。

材料：

丝瓜75克，西芹50克，胡萝卜65克，瘦肉45克，冬瓜120克，香菇55克，姜片、料酒、盐、鸡粉、芝麻油各适量

做法：

1.去皮的冬瓜、丝瓜、胡萝卜洗净切小块；西芹洗净斜刀切段；瘦肉洗净切丁；香菇洗净切小块。

2.锅中注入开水，倒入瘦肉丁、料酒，汆煮去除血渍，捞出沥干。

3.锅中注入开水，倒入姜片、香菇、胡萝卜、冬瓜、西芹；淋入料酒，放入丝瓜、瘦肉丁，拌匀煮至食材熟透，加入盐、鸡粉，淋入芝麻油，拌匀再煮至入味即成。

健脾开胃，宝宝能吃不生病

宝宝脾胃好，胃口好

脾具有造血、清除衰老血细胞及参与免疫反应等功能；胃则有帮助消化的作用。胃的消化功能好就能为机体吸收营养打好基础。所以脾胃对食物的消化和吸收起着十分重要的作用。脾胃就是健康的窗口，如果脾虚，就会带来胃肠道疾病，所以要让宝宝脾胃健康，才能更好地吸收营养。

宝宝健脾开胃吃什么

宝宝健脾开胃的关键营养有锌、B族维生素、有机酸、益生菌。辅食中可多添加一些如玉米、薏米、西红柿、香菇、扁豆、山药、白萝卜、鸡肉、牛肉、鹌鹑、苹果、山楂、木瓜、菠萝、无花果等食物。

薏米莲藕排骨汤

喂养小贴士

莲藕含有丰富的纤维素，宝宝食用可帮助肠道消化。

材料：

去皮莲藕200克，水发薏米150克，排骨块300克，姜片少许，盐2克

做法：

1. 洗净的去皮的莲藕切块。
2. 锅中注入清水烧开，倒入排骨块，汆煮后捞出，沥干水分，装盘待用。
3. 锅中注入适量清水，倒入排骨块、莲藕、薏米、姜片，拌匀。
4. 加盖，煮开转小火煮 3 小时。
5. 揭盖，加盐，搅至入味即可。

菠萝鸡片汤

喂养小贴士

鸡肉可腌制片刻，会更鲜嫩。

材料：

菠萝50克，鸡胸肉30克，葱花适量，盐适量

做法：

1. 菠萝洗净，用盐水浸泡片刻，切片。
2. 鸡胸肉洗净，切片。
3. 锅中注入适量清水烧沸，倒入菠萝、鸡肉，略煮片刻。
4. 加入盐，搅拌均匀，煮至食材全熟。
5. 关火盛出，撒上葱花点缀即可。

如意白菜卷

材料:

白菜叶100克

肉末200克

香菇10克

高汤适量

姜末适量

葱花适量

调料:

盐2克

鸡粉3克

料酒5毫升

水淀粉5毫升

做法:

1. 洗净的香菇去蒂，再切成条，改切成丁。
2. 锅中注水烧开，倒入洗净的白菜叶煮至软，捞出沥干。
3. 取一个碗，倒入肉末、香菇、姜末、葱花。
4. 加入盐、鸡粉、料酒、水淀粉，搅匀制成肉馅。
5. 白菜叶铺平，放入适量肉馅，卷成卷放入盘中。
6. 依次将剩余的食材制成白菜卷，放入蒸锅，盖上盖，用大火蒸 20 分钟至熟。
7. 揭开锅盖，将蒸好的白菜卷取出，放凉待用。
8. 将放凉的白菜卷两端修齐，对半切开。
9. 炒锅中倒入高汤，加入少许盐、鸡粉。
10. 再倒入水淀粉，搅匀后浇在白菜卷上即可。

白菜也叫菘菜，有“蔬菜营养之王”的美称，宝宝多吃可均衡营养，还能帮助消化。

喂养小贴士

常吃山楂制品能增强食欲，改善睡眠，保持骨骼和血液中钙的恒定。

山楂水

材料：

鲜山楂75克，白糖适量

做法：

1. 将洗净的山楂切开，去除果蒂，切小瓣，去核，改切成小块，备用。
2. 砂锅中注水烧开，放入切好的山楂，加盖，烧开后用小火煮 15 分钟。
3. 揭盖，加入少许白糖，搅拌均匀，煮至溶化即可。

喂养小贴士

洋葱含钙质，且维生素含量高，宝宝可以多吃。

洋葱拌西红柿

材料：

洋葱85克，西红柿70克，白糖4克，白醋10毫升

做法：

1. 洗净的洋葱切片，再切成丝，待用。
2. 洗好的西红柿切成瓣。
3. 把洋葱丝装入碗中，加入少许白糖、白醋。
4. 搅拌匀后腌渍 20 分钟。
5. 碗中倒入西红柿，搅拌匀即可。

我想眼睛明亮亮

从小视力好，精神棒

宝宝的视力发育还不够完善，而宝宝的视力健康关系着他们身心的健康成长，除母乳外，宝宝还需从各种辅食中摄取保护视力的营养素。其中宝宝的护眼功臣非维生素A莫属，维生素A的重要生理功能之一就是维护角膜的正常结构，维持视网膜的正常功能，对于维持正常视力有重要作用。如果缺乏维生素A，宝宝会出现干眼症、夜盲症等症状。

宝宝明目护眼吃什么

宝宝明目护眼的关键营养有维生素A、维生素C，辅食中可多添加一些如胡萝卜、豌豆苗、青椒等黄绿色蔬菜，还有蛋类、牛奶、奶制品、菠菜、鱼虾、鱼肝油、动物肝脏等食物。

三色肝末

材料：

猪肝100克

胡萝卜60克

西红柿45克

洋葱30克

菠菜35克

调料：

盐、食用油各少许

做法：

1. 洗好的洋葱切片，改切成粒，再剁碎。
2. 洗净去皮的胡萝卜切成薄片，改切成丝，再切成粒。
3. 洗好的西红柿切片，改切成条，再切丁，剁碎。
4. 洗净的菠菜切碎，待用。
5. 处理好的猪肝切片，剁碎，备用。
6. 锅中注入适量清水烧开，加入少许食用油、盐。
7. 倒入切好的胡萝卜、洋葱、西红柿，搅拌均匀。
8. 放入切好的猪肝，搅拌均匀至其熟透。
9. 撒上菠菜，搅匀，用大火略煮至熟。
10. 关火后盛出煮好的食材，装入碗中即可。

猪肝含有丰富的铁质和维生素E，宝宝多吃可以补铁、明目。

银耳枸杞炒鸡蛋

材料：

水发银耳100克

鸡蛋2个

枸杞10克

葱花少许

调料：

盐2克

鸡粉2克

水淀粉14毫升

食用油适量

做法：

1. 洗好的银耳切去黄色根部，切成小块。
2. 鸡蛋打散，加入少许盐、鸡粉，淋入适量水淀粉。
3. 用筷子打散调匀。
4. 锅中注入适量清水烧开，加入切好的银耳。
5. 放入少许盐，拌匀，煮半分钟，至其断生。
6. 把焯煮好的银耳捞出，沥干水分，待用。
7. 用油起锅，倒入蛋液，炒至熟，盛出，备用。
8. 锅底留油，倒入焯过水的银耳，放入鸡蛋。
9. 放入洗净的枸杞，加入葱花，翻炒匀，加入盐、鸡粉、适量水淀粉，炒匀调味。
10. 快速翻炒均匀，盛出即可。

银耳含有丰富的氨基酸，鸡蛋含有丰富的维生素E，能补给眼睛营养。

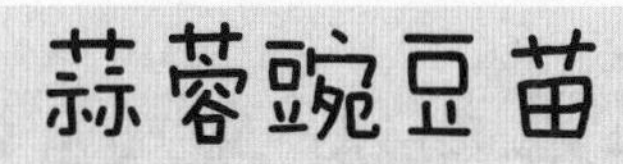

材料：

豌豆苗200克，蒜末适量，盐2克，鸡粉2克，食用油适量

做法：

1. 锅中注入适量食用油烧热，倒入蒜末，爆香。
2. 放入洗净的豌豆苗，翻炒匀。
3. 加入适量盐、鸡粉。
4. 快速炒匀调味。
5. 关火后将炒好的豌豆苗盛出，装入盘中即可。

芝麻拌菠菜

材料：

菠菜200克，白芝麻、枸杞、大蒜末各少许，盐2克，白糖2克，陈醋6毫升，芝麻油3毫升，食用油适量

做法：

1. 洗净的菠菜切成段，备用。
2. 锅中注入清水烧开，放入盐、食用油，倒入菠菜，拌匀，煮至其熟软，捞出。
3. 枸杞放入沸水中，略煮后捞出。
4. 把枸杞、菠菜装入碗中，放入蒜末。
5. 加入盐、白糖，淋入陈醋、芝麻油，拌匀，装入盘中，撒上白芝麻即可。

增强宝宝免疫力

好免疫力，好身体

宝宝出生6个月后，从母体带来的免疫球蛋白会逐渐消失，自身的抗病能力还没有完全建立，宝宝的免疫力会逐渐下降；在宝宝身体很弱、免疫力不足的情况下，根本无法抵御各种外来病菌侵袭，易造成宝宝频繁生病，除了打疫苗外，父母应在这段时间对宝宝的饮食特别注意，以有效的方式喂养辅食，来增强宝宝身体的免疫力。

宝宝增强免疫力吃什么

宝宝增强免疫力的关键营养有维生素、蛋白质、矿物质等。辅食中可多添加一些如胡萝卜、小米、黑木耳、蘑菇、西红柿、苹果、薏米、山药、豆制品、鹌鹑蛋、青鱼、红枣、优酪乳、核桃、瘦肉、橙子等食品。

北极贝蒸蛋

材料：

北极贝60克

鸡蛋3个

蟹柳55克

调料：

盐2克

鸡粉少许

做法：

1. 将洗净的蟹柳切片，再切条形，改切丁。
2. 把鸡蛋打入碗中，搅散，再注入适量清水。
3. 加入少许盐、鸡粉，倒入蟹柳丁。
4. 快速搅拌匀，制成蛋液，待用，取一蒸碗，倒入调好的蛋液。
5. 蒸锅上火烧开，放入蒸碗。
6. 盖上盖，用中火蒸约 6 分钟，至食材断生。
7. 揭盖，把备好的北极贝放入蒸碗中，铺放开。
8. 再盖上盖，转大火蒸约 5 分钟，至食材熟透。
9. 关火后揭盖，待蒸汽散开。
10. 取出蒸碗即可。

北极贝、鸡蛋都是高蛋白食材，宝宝多吃可以增强免疫力。

紫薯沙拉

材料：

紫薯片200克，牛奶50毫升，沙拉酱适量

做法：

1. 把紫薯片蒸熟，取出放入碗中，倒入牛奶。
2. 将紫薯夹碎，倒入袋子中，压成泥状。
3. 袋子的一角剪一个小口子，挤在模具中，压平。
4. 再倒扣入盘中，挤上沙拉酱即可。

蛤蜊荞麦面

材料：

荞麦面130克，新鲜蛤蜊100克，蒜末、姜末各30克，香菜碎适量，盐2克，鸡粉2克，黑胡椒粉适量，食用油适量

做法：

1. 锅中注入开水，倒入荞麦面，煮至软捞出。
2. 用油起锅，倒入姜末、蒜末，爆香，倒入蛤蜊，注入少许清水。
3. 盖上盖，大火煮至蛤蜊开壳。
4. 揭盖，倒入荞麦面，加入盐、鸡粉、黑胡椒粉，煮至入味，将煮好的面条盛出装入盘中，摆上香菜碎即可。